乗車口2番
7
100

下巻のはじめに

下巻ではオハ35系以降の並ロ（普通２等車）とその後の改造、運用などを取り上げる。

オロ36に続き広窓を採用したオロ40は、戦後まで増備が続き並ロの代表的な車両となるが、占領軍の指示により新たに導入されたリクライニングシート装備の特ロ（特別2等車）がそれに代わる主役として優等列車に組み込まれるようになり、並ロは脇役に回る。

写真61）並ロから２等車への格下げ直後で、等級帯の跡が見えるオハ55 132（オロ36改造）ほか。幅1,300mmの大窓が並び、格下げされても風格ある車体だった。
1964.4.29　P：豊永泰太郎

並ロの定期運用は1967（昭和42）年で終了するが、多くの車両が格下げ、さらに通勤形車や荷物車、寝台車などに改造されて、国鉄末期まで活躍する。客車の場合は改造の履歴をたどることも面白さの一つで、並ロにはそうした客車の魅力が詰まっている車種でもある。

写真62）東北線の普通列車で使用されるオロ36 2008。　1963.3.30　上野　P：和田　洋

2．並ロの形式別解説 (上巻からの続き)

2. 17　オロ36

・オハ35系の広窓２等車として1937（昭和12）年度から38両を新製
・鋼製客車では最大級の幅1,300mm窓を採用
・４人掛け固定座席を採用したが特急「つばめ」にも使用される
・オハ55 100代に格下げされ、1965（昭和40）年に形式消滅

1937（昭和12）年度から鋼製客車は広窓を採用、３等車は幅1,000mmのオハ35（製造時はスハ33650形）が登場し、その後の窓幅の標準となる。この系列の２等車としてスロ30960形を名乗って製造され、1941（昭和16）年の改番でオロ36となる。４人掛け固定座席を採用、シートピッチに合わせて1,300mm幅の大型窓を採用した。

丸屋根、全溶接構造の車体と客車で最大幅の広窓は戦前の黄金期の鉄道を象徴する落ち着いた印象を与え、筆者は旧型客車では一番好きな形式である。ただバランサーの付かなかった当時は、窓が重すぎて女性や子供では開けられないという問題も出て、次のオロ40では1,200mm幅に狭まっている。

■図21）オロ36形式図

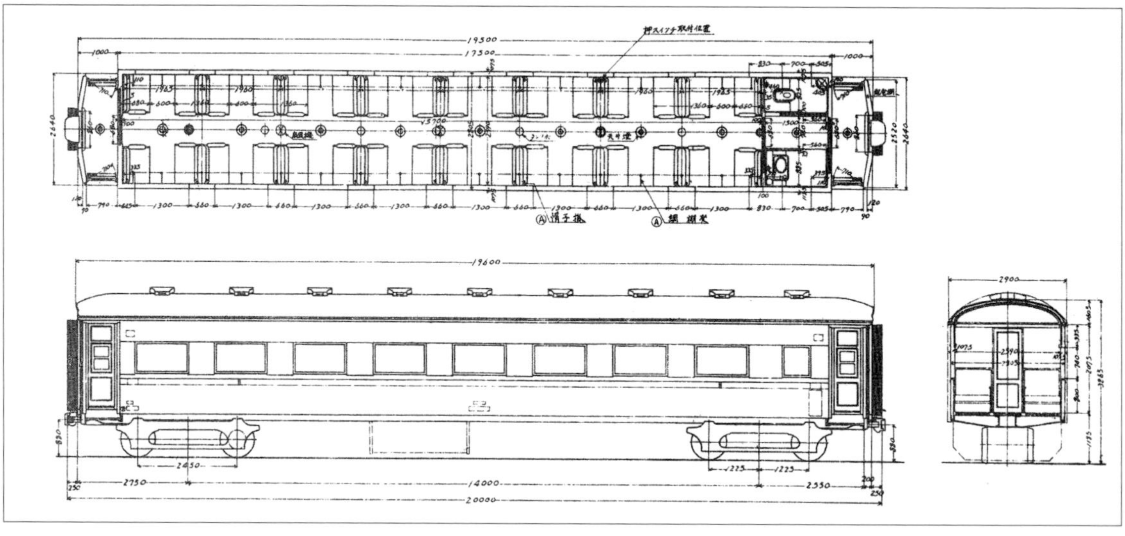

写真63）オロ36 33。窓を開けると1,300mm幅という窓の広さが分かる。　1964.9.7　岡山　P：豊永泰太郎

最新鋭の２等車として、当初は大半が東京鉄道局に配置される。４人掛け座席は区間列車に使用されることが多いが、オロ36の場合は特急や急行にも組み込まれている。戦災で２両を失い、戦後は一時軍用客車に接収されたが、36両全てがオロ36に戻って主要幹線で活躍した。戦後の資材不足の時期には幅広の窓ガラスの調達が困難となって、窓の中央に桟を入れて分割することで急場をしのいだりした。

1960年代に入ると余剰車も出るようになり、1963（昭和38）年度に一斉に格下げとオハネ17への改造があって、1964（昭和39）年度で一気に形式消滅した。格下げ車はオロ40と一緒にオハ55の形式を与えられ、100代の番号を付けて区別した。対象は25両で、オロ36の番号をそのまま受け継いだために飛び番となっている。このグループも通勤形車（オハ41）、荷物車（マニ36）、寝台車（オハネ17）に改造されていく。

■表31）オロ36車歴表

番号	製造		製造時番号	当初配置	1958年配置	最終配置	電暖改造		改造		改造後		廃車年月日
	会社	年月日					工場	年月日	工場	年月日	形式	番号	
オロ36 1	日車	1938.3.23	30960	（東）	都城	（中）			幡生	1964.3.18	オハ55	101	1975.4.30
オロ36 2	日車	1938.3.23	30961	（東）	静岡	青森		1961.10	盛岡	1964.3.21	オハ55	2102	1984.3.8
オロ36 3	日車	1938.3.23	30962	（東）	静岡	青森		1961.10	盛岡	1964.3.21	オハ55	2103	1984.7.18
オロ36 4	日車	1938.3.23	30963	（東）	静岡	（金）			松任	1964.3.23	オハ55	104	1979.3.10
オロ36 5	日車	1938.3.23	30964	（東）	静岡	福井		1962.3	松任	1964.3.18	オハ55	2105	1979.7.13
オロ36 6	日車	1939.3.7	30965	（東）	青森	青森	盛岡	1959.4	盛岡	1964.3.21	オハ55	2106	1983.1.18
オロ36 7	日車	1939.3.7	30966	（東）	出雲市	（岡）			幡生	1964.3.31	オハ55	107	1986.3.31
オロ36 8	日車	1939.3.14	30967	（東）	盛岡	盛岡	盛岡	1959.11	盛岡	1963.11.5	オハネ17	2172	1975.6.10
オロ36 9	日車	1939.3.14	30968	（東）	静岡	（岡）			幡生	1965.3.22	オハ55	109	1975.6.10
オロ36 10	日車	1939.3.14	30969	（東）	静岡	福井		1962.3	松任	1964.3.28	オハ55	2110	1979.8.27
オロ36 11	日車	1939.3.14	30970	（東）	出雲市	（岡）			幡生	1965.3.31	オハ55	111	1983.12.8
オロ36 12	日車	1939.3.14	30971	（東）	青森	青森	盛岡	1959.5	盛岡	1963.12.17	オハネ17	2174	1975.6.10
オロ36 13	日車	1938.10.19	30972	（東）	仙台	青森	盛岡	1959.12	盛岡	1963.11.28	オハネ17	2173	1975.4.30
オロ36 14	日車	1938.10.19	30973	（東）	青森	青森	盛岡	1959.7	盛岡	1964.3.19	オハ55	2114	1971.8.30
オロ36 15	日車	1938.10.19	30974	（東）	都城	（中）			幡生	1964.3.27	オハ55	115	1978.5.20
オロ36 16	日車	1938.10.19	30975	（東）	仙台	青森	盛岡	1959.9	盛岡	1964.3.23	オハ55	2116	1977.6.27
オロ36 17	日車	1938.10.26	30976	（東）	下関	（中）			多度津	1963.10.26	オハネ17	182	1976.1.15
オロ36 18	日車	1938.10.26	30977	（東）	下関	（中）			幡生	1964.3.27	オハ55	118	1975.4.30
オロ36 19	日車	1938.10.26	30978	（東）	下関	（中）			幡生	1964.1.16	オハネ17	194	1975.8.13
オロ36 20	日車	1938.10.26	30979	（東）	京都	青森		1961.12	盛岡	1964.3.24	オハ55	2120	1974.6.24
オロ36 21	日車	1938.11.18	30980	（東）	京都	（東）			盛岡	1964.1.17	オハネ17	2175	1983.2.25
オロ36 22	日車	1938.11.18	30981	（東）	八代	（中）			幡生	1963.11.18	オハネ17	2191	19761018
オロ36 23	日車	1938.11.18	30982	（東）	門司港	（中）			多度津	1963.10.9	オハネ17	181	19751117
オロ36 24	日車	1938.11.18	30983	（東）	京都	青森		1961.11	？		オハ55	2124	1978.10.9
オロ36 25	日車	1939.1.22	30984	（東）	八代	下関			幡生	1963.10.31	オハネ17	190	1974.11.18
オロ36 26	日車	1939.1.22	30985	（東）	飯田町	青森		1961.11	盛岡	1964.3.31	オハ55	2126	1981.12.19
オロ36 27	日車	1939.1.22	30986	（東）	飯田町	青森	盛岡	1961.11.7	盛岡	1964.3.23	オハ55	2127	1982.8.16
オロ36 28	日車	1939.1.22	30987	（東）	飯田町	（東）			盛岡	1964.2.5	オハネ17	2176	1976.10.7
オロ36 29	日車	1939.1.30	30988	（大）	京都	（岡）			幡生	1964.3.30	オハ55	129	1979.3.10
オロ36 30	日車	1939.1.30	30989	（大）	飯田町	（東）			盛岡	1964.2.26	オハネ17	2177	1975.2.7
オロ36 31	日車	1939.1.30	30990	（大）	京都	（岡）			幡生	1964.3.30	オハ55	131	1979.3.10
オロ36 32	日車	1939.1.30	30991	（大）	飯田町	（東）			大宮	1964.3.27	オハ55	132	1974.8.12
オロ36 33	日車	1939.2.6	30992	（大）	高松	（岡）			幡生	1965.3.25	オハ55	133	1976.1.15
オロ36 34	日車	1939.2.6	30993	（大）		（大）			戦災廃車				1946.3.31
オロ36 35	日車	1939.2.6	30994	（広）		（大）			戦災廃車				1946.3.31
オロ36 36	日車	1939.2.6	30995	（広）	広島	（中）			幡生	1964.3.27	オハ55	136	1975.2.18
オロ36 37	日車	1939.3.7	30996	（広）	青森	青森	盛岡	1961.11	盛岡	1964.3.21	オハ55	2137	1978.11.30
オロ36 38	日車	1939.3.7	30997	（広）	鳥栖	（中）			幡生	1964.3.24	オハ55	138	1975.11.17

写真64）張り上げ屋根のオロ40 22。　P：鈴木靖人

2. 18　オロ40

・オロ36の窓幅を1,200mmに縮め別形式（スロ31120形）で新製
・1940（昭和15）年から新製、戦後も1946（同21）年度まで増備が続く
・長柱、丸屋根、半切妻の３タイプがある
・軍用のジュラルミンを使用した５両は保守が難しく、オロ42に改造
・大半はオハ55に格下げ、マニ36にも改造され1966（昭和41）年度に形式消滅

オロ36は幅1,300mmの広い窓を採用したが、ガラスの重さで窓を上げにくい問題が発生した。このため1940（昭和15）年製造車から窓幅を1,200mmに縮めることになった。４人掛け固定座席の車内や定員（64人）、台枠等はオロ36と同じだが、形式を別にしてスロ31120形として登場、1941（昭和16）年の改番でオロ40になる。

1940（昭和15）年製の23両は、当時採用されていた張り上げ屋根（長柱構造）の車体としたが、1941（昭和16）年製の14両は通常の丸屋根構造に戻している。38以降は1945・46（昭和20・21）年度製で、最初からオロ40として出場したほか、妻面は戦後製車両の標準である半切妻に変わった。オハ35系の戦後製客車は台車をコロ軸受のTR34にしているが、オロ40については38～67の30両は製造が間に合わずに、従来のTR23台車を装備している。

この結果、オロ40は３つの形態に分類され、さらに戦後製半切妻車は台車で２種類に分かれる。またオハ35系では標準的な丸屋根車がこの形式では一番少数になっている。

■図22）オロ40（長柱車）形式図

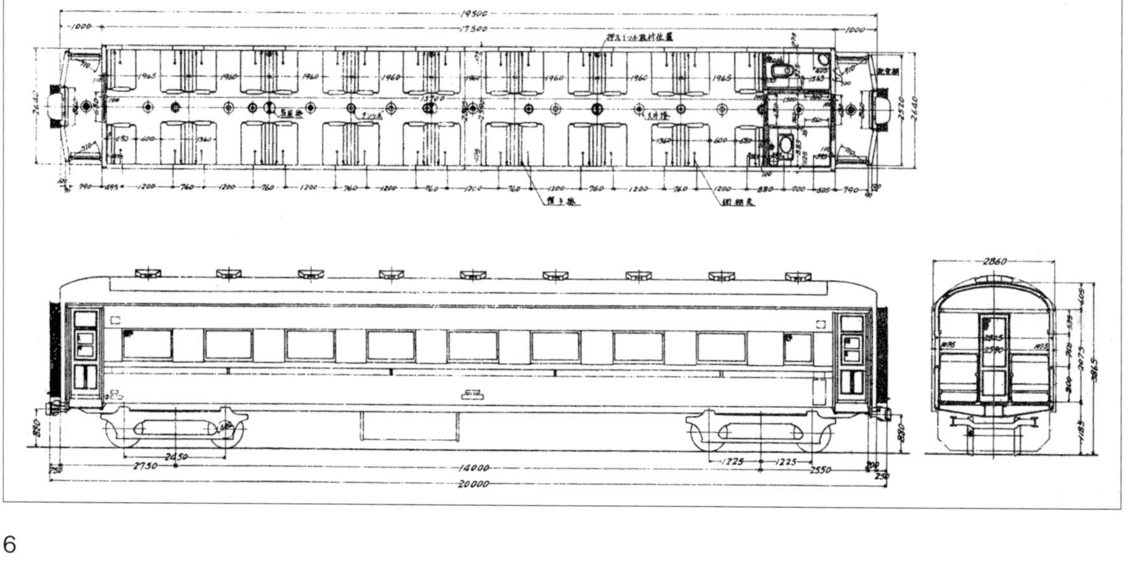

写真65）戦後製は半切妻の車体となる。急行「彗星」に組み込まれたオロ40 76。
東京　P：葛　英一

1946（昭和21）年落成車のうち5両（98～102）は外板にジュラルミン板を使用した。戦後の資材不足で鉄道車両に使用する薄板鋼材が極度に不足する一方、軍用機に使用するはずだったジュラルミン板が使われずに放置されていたため、これを転用した。ジュラルミンは溶接しにくいため、このグループはリベットで製作している。

鋼材を使った戦後製オロ40は38～82で、ジュラルミン車はここから少し飛んだ98という中途半端な番号から始まっている。予算不足で増備が途中で止まったからではないだろうか。

ジュラルミン材は資材不足を乗り切る便法だったが、鋼板に比べて腐食しやすく、その保守が難しかった。そこで鋼板の需給が好転して更新修繕の時期になった1954（昭和29）年度に、5両全てを車体を全面的に取り替えた新形式のオロ42（11頁参照）に改造した。

戦災廃車は6両で、戦前製31両と戦後製45両（オロ42改造車5両を除く）計76両が、並ロの主力形式として活躍する。優等列車には特ロが配備されるが、1950年代は車両不足から急行、準急にも併結されていたほか、1966（昭和41）年度に形式消滅する直前まで、臨時運用では優等列車にも使用された。4人掛けは本来、区間列車での使用を想定しているが、車齢が新しい分だけ活躍が続いた。

1963（昭和38）年度からまず戦前製の車両を対象にオハ55 0代への格下げが始まり、1966（昭和41）年度までに戦後製を含めて48両が格下げされる。マニ36へは21両、オハネ17へは7両が改造されている。

写真66）リベットが見えるジュラルミン車体のオロ40 98。　P：鈴木靖人

■表32）オロ40車歴表

番号	製造 会社	製造 年月日	製造時番号	当初配置	1958年配置	最終配置	電暖改造 工場	電暖改造 年月日	改造 工場	改造 年月日	改造後 形式 番号	廃車 年月日
オロ40 1	新潟	1940.7.9	31120	（東）	函館	（札）			五稜郭	1964.3.31	オハ55 1	1975.2.17
オロ40 2	新潟	1940.7.9	31121	（東）					戦災廃車			1946.3.31
オロ40 3	新潟	1940.7.9	31122	（東）	八代	（岡）			幡生	1964.3.31	オハ55 3	1984.3.6
オロ40 4	新潟	1940.7.30	31123	（東）	新潟	（金）	松任	1961.12	松任	1964.3.31	オハ55 2004	1967.3.30
オロ40 5	新潟	1940.7.30	31124	（東）	宮原	（岡）			小倉	1964.3.30	オハネ17 208	1974.8.26
オロ40 6	日車	1940.7.3	31125	（東）					戦災廃車			1947.4
オロ40 7	日車	1940.7.3	31126	（東）	新潟	（盛）		1961年度	盛岡	1964.2.23	オハ55 2007	1979.5.2
オロ40 8	日車	1940.7.3	31127	（東）	新潟	（盛）	土崎	1961.1.23	土崎	1963.12.20	オハネ17 505	1983.11.11
オロ40 9	日車	1940.7.3	31128	（東）	新潟	（金）			松任	1964.3.17	オハ55 9	1982.9.3
オロ40 10	日車	1940.7.3	31129	（東）	飯田町	（東）	大宮	1961.12	大宮	1964.3.19	オハ55 2010	1984.7.18
オロ40 11	日車	1940.7.15	31130	（東）	広島	（中）			幡生	1964.3.24	オハ55 11	1976.4.17
オロ40 12	日車	1940.7.15	31131	（東）	京都	（米）			多度津	1966.11.30	マニ36 59	1985.8.22
オロ40 13	日車	1940.7.15	31132	（東）	尾久	（盛）		1959年度	土崎	1964.1.25	オハネ17 2178	1975.10.18
オロ40 14	日車	1940.7.15	31133	（名）	門司港	（鹿）			鹿児島	1964.3.28	オハ55 14	1974.2.5
オロ40 15	日車	1940.7.15	31134	（名）	熊本	（大）			高砂	1964.3.31	オハ55 15	1985.10.11
オロ40 16	日車	1940.7.25	31135	（名）					戦災廃車			1949.3.26
オロ40 17	日車	1940.7.25	31136	（大）	広島	（中）			幡生	1964.3.19	オハ55 17	1976.3.17
オロ40 18	日車	1940.7.25	31137	（大）					戦災廃車			1949.3.26
オロ40 19	日車	1940.7.25	31138	（大）	宮原	（大）			高砂	1965.9.30	オハ55 19	1984.3.8
オロ40 20	日車	1940.7.31	31139	（広）	宮原	（大）			高砂	1965.9.30	オハ55 20	1983.1.10
オロ40 21	日車	1940.7.31	31140	（広）	広島	（中）			幡生	1964.3.21	オハ55 21	1975.10.18
オロ40 22	日車	1940.7.31	31141	（広）	尾久	（盛）	盛岡	1960.11.9	盛岡	1964.3.30	オハ55 2022	1981.8.24
オロ40 23	日車	1940.7.31	31142	（広）					戦災廃車			1946.3.31
オロ40 24	田中	1941.4.20	31143	（仙）	青森	（盛）		1959年度	盛岡	1964.3.25	オハ55 2024	1983.2.16
オロ40 25	田中	1941.4.20	31144	（仙）	尾久	（盛）	盛岡	1960.11.9	盛岡	1964.3.21	オハ55 2025	1979.7.13
オロ40 26	田中	1941.4.20	31145	（仙）	長崎	（天）			高砂	1964.3.31	オハ55 26	1984.3.6
オロ40 27	田中	1941.5.9	31146	（仙）	青森	（盛）		1959年度	盛岡	1964.3.24	オハ55 2027	1978.7.31
オロ40 28	田中	1941.5.9	31147	（門）	山田	（天）			多度津	1967.3.28	マニ36 60	1984.1.31
オロ40 29	田中	1941.5.9	31148	（門）					戦災廃車			1949.3.26
オロ40 30	田中	1941.5.15	31149	（大）	米子	（大）			高砂	1965.9.30	オハ55 30	1985.10.11
オロ40 31	田中	1941.5.15	31150	（大）	米子	（大）			高砂	1965.9.30	オハ55 31	1984.3.8
オロ40 32	田中	1941.5.15	31151	（大）	竜華	（大）			高砂	1965.9.30	オハ55 32	1984.4.2
オロ40 33	田中	1942.1.31		（門）	尾久	（盛）	盛岡	1960.11.9	盛岡	1964.3.27	オハ55 2033	1978.9.21
オロ40 34	田中	1942.1.31		（門）	門司港	（鹿）			鹿児島	1964.3.28	オハ55 34	1972.4.25
オロ40 35	田中	1942.1.31		（仙）	広島	（中）			幡生	1964.3.19	オハ55 35	1983.8.2
オロ40 36	田中	1942.2.10		（仙）	青森	（盛）		1959年度	盛岡	1964.3.25	オハ55 2036	1975.6.27
オロ40 37	田中	1942.2.10		（仙）	青森	（盛）		1959年度	盛岡	1964.3.24	オハ55 2037	1978.11.30
オロ40 38	日車	1945.12.15		（仙）	秋田	（盛）		1959年度	盛岡	1964.3.21	オハ55 2038	1978.7.31
オロ40 39	日車	1945.12.15		（仙）	秋田	（盛）		1959年度	盛岡	1964.3.25	オハ55 2039	1978.10.9
オロ40 40	日車	1945.12.15		（仙）	青森	（盛）		1959年度	盛岡	1964.2.23	オハ55 2040	1975.6.27
オロ40 41	日車	1946.1.3		（仙）	青森	（盛）		1959年度	盛岡	1964.3.25	オハ55 2041	1979.8.14
オロ40 42	日車	1946.1.3		（仙）	飯田町	（東）	大宮	1962.2	大宮	1964.2.23	オハ55 2042	1966.1.21
オロ40 43	日車	1946.3.30		（仙）	竹下	（大）			多度津	1963.11.13	オハネ17 183	1975.3.10
オロ40 44	日車	1946.3.30		（仙）	青森	（盛）		1959年度	盛岡	1964.3.21	オハ55 2044	1975.2.1
オロ40 45	日車	1946.3.30		（仙）	青森	（盛）		1959年度	盛岡	1964.2.23	オハ55 2045	1979.5.2
オロ40 46	日車	1946.3.30		（仙）	青森	（盛）		1959年度	盛岡	1964.3.27	オハ55 2046	1979.8.14
オロ40 47	日車	1946.3.30		（東）	広島	（中）			幡生	1964.3.10	オハ55 47	1975.3.10
オロ40 48	日車	1946.4.27		（東）	飯田町	（東）	大宮	1962.2	大宮	1964.2.23	オハ55 2048	1966.1.21
オロ40 49	日車	1946.4.27		（東）	飯田町	（東）	大宮	1962.3	大宮	1964.3.27	オハ55 2049	1981.12.14
オロ40 50	日車	1946.4.27		（東）	宮原	（米）			多度津	1966.11.19	マニ36 62	1984.1.31
オロ40 51	日車	1946.4.30		（大）	京都	（米）			多度津	1967.3.9	マニ36 63	1973.1.23
オロ40 52	日車	1946.4.30		（大）	京都	（大）			多度津	1963.12.5	オハネ17 184	1975.2.13
オロ40 53	日車	1946.4.30		（大）	飯田町	（東）	大宮	1962.4	大宮	1964.3.19	オハ55 2053	1984.7.18
オロ40 54	日車	1946.4.30		（大）	飯田町	（東）	大宮	1962.2	大宮	1964.3.25	オハ55 2054	1984.3.8
オロ40 55	日車	1946.5.11		（大）	飯田町	（東）	大宮	1962.4	大宮	1964.3.25	オハ55 2055	1971.3.30
オロ40 56	日車	1946.5.11		（大）	宮原	（大）		1961年度	多度津	1966.12.17	マニ36 2066	1986.3.31
オロ40 57	日車	1946.5.11		（大）	宮原	（大）		1961年度	多度津	1967.2.5	マニ36 2067	1984.9.29
オロ40 58	日車	1946.5.23		宮原	新潟	（新）	土崎	1962.1.12	新津	1964.3.30	オハ55 2058	1984.1.31
オロ40 59	日車	1946.5.23		宮原	新潟	（東）	土崎	1961.8.29	土崎	1966.11.30	マニ36 2068	1986.3.5
オロ40 60	日車	1946.5.23		（大）	新潟	（東）		1961年度	土崎	1967.3.29	マニ36 2069	1983.8.5
オロ40 61	日車	1946.5.23		（新）	新潟	（新）			小倉	1963.11.27	オハネ17 200	1980.12.26
オロ40 62	日車	1946.5.23		（新）	秋田	（盛）	土崎	1959.7.2	盛岡	1965.9.30	オハ55 2062	1982.8.10
オロ40 63	日車	1946.5.31		（新）	新潟	（東）		1961年度	土崎	1966.11.10	マニ36 2070	1983.6.3
オロ40 64	日車	1946.5.31		（東）	新潟	（新）	新津	1962.1.11	新津	1965.9.30	オハ55 2064	1982.9.16
オロ40 65	日車	1946.5.31		（東）	新潟	（新）		1961年度	小倉	1963.12.10	オハネ17 201	1974.8.26
オロ40 66	日車	1946.5.31		（東）	尾久	（東）	大宮	1959.8	土崎	1966.12.9	マニ36 2071	1981.12.11
オロ40 67	日車	1946.5.31		（東）	尾久	（東）	大宮	1961.11	土崎	1966.11.17	マニ36 2072	1986.3.5
オロ40 68	川車	1946.11.30		（東）	尾久	（東）	大宮	1959.8.10	土崎	1967.1.24	マニ36 2202	1986.4.25
オロ40 69	川車	1946.11.30		（東）	尾久	（東）	大宮	1959.9	土崎	1967.1.31	マニ36 2203	1981.12.11
オロ40 70	川車	1946.11.28		（門）	門司港	（大）			高砂	1964.3.31	オハ55 70	1981.12.11

（次頁に続く）

写真67)常磐線経由の急行「きたかみ」に入ったオロ41 3。 1954.8.29 青森 P:伊藤 昭

2. 19 オロ41

・戦後の唯一の並ロ新製車として1947(昭和22)年度に15両を製作
・転換式座席を採用、オロ35に比べて座席間隔を広げ、定員は60人となる
・あまり活躍の場がなく、1964(昭和39)年度末に全車オハ51に格下げされる

戦後の新形式で、並ロの新製車としてはこれが最後になった。15両全てが川崎車輛で1948(昭和23)年1月から3月にかけて製造される。転換式座席を採用したため、窓幅はオロ35と同じ700mmとしたが、座席間隔を970mmから1,040mmに広げ、このために定員は60人(オロ35は64人)に減少した。台車はコロ軸受のTR34を付けている。

戦後製の転換式座席の新車であるから、当然優等列車への使用を前提にしたと思われるが、案外に活用されていない。1949(昭和24)年に復活した特急「へいわ」にはオロ40が使われるし、すぐにリクライニングシートを備えた特ロが主役の座を占める。このためオロ41の入った編成記録を探すと、準主力の急行などに使われている。

編成記録⑫・⑬(次頁)はともに1951(昭和26)年の急行編成で、⑫は東京→長崎・佐世保の「雲仙」、⑬は湊町・鳥羽→東京の「やまと」である。どちらも特ロが既に連結されていて、オロ41は脇役の位置に見える。

(前頁からの続き)

番号	製造 会社	製造 年月日	製造時番号	当初配置	1958年配置	最終配置	電暖改造 工場	電暖改造 年月日	改造 工場	改造 年月日	改造後 形式	改造後 番号	廃車 年月日
オロ40 71	川車	1946.11.28		(門)	宮原	(天)			多度津	1967.1.16	マニ36	204	1983.8.18
オロ40 72	川車	1947.1.31		(門)	宮原	(大)		1961年度	多度津	1967.2.7	マニ36	2205	1986.3.31
オロ40 73	川車	1947.1.31		(門)	宮原	(天)			多度津	1966.11.10	マニ36	206	1984.5.2
オロ40 74	川車	1947.1.31		(門)	門司港	(門)			小倉	1964.3.20	オハ55	74	1974.10.3
オロ40 75	川車	1947.2.28		(大)	宮原	(大)			高砂	1964.3.31	オハ55	75	1976.11.1
オロ40 76	川車	1947.2.28		(大)	宮原	(大)			多度津	1966.10.28	マニ36	207	1986.3.31
オロ40 77	川車	1947.2.28		(大)	宮原	(天)			多度津	1966.11.17	マニ36	208	1984.8.3
オロ40 78	川車	1947.2.28		(名)	名古屋	(東)	松任	1961.12.21	多度津	1967.3.18	マニ36	2209	1989.1.26
オロ40 79	川車	1947.3.31		(名)	名古屋	(東)	松任	1962.1.23	土崎	1966.10.28	マニ36	2210	1982.12.17
オロ40 80	川車	1947.3.31		(門)	長崎	(門)			小倉	1964.3.20	オハ55	80	1974.12.6
オロ40 81	川車	1947.3.31		(門)	宮原	(天)			多度津	1967.2.15	マニ36	2211	1981.12.11
オロ40 82	川車	1947.3.31		(門)	鹿児島	(鹿)			鹿児島	1964.3.28	オハ55	82	1974.12.6
オロ40 98	日車	1946.6.30		(東)		(門)			名古屋	1955.3.3	オロ42	1	1977.5.6
オロ40 99	日車	1946.6.30		(東)		(門)			名古屋	1955.3.26	オロ42	2	1975.6.27
オロ40 100	日車	1946.6.30		(東)		(名)			名古屋	1955.3.21	オロ42	3	1975.2.1
オロ40 101	日車	1946.8.28		(東)		(盛)			名古屋	1955.3.11	オロ42	4	1977.5.6
オロ40 102	日車	1946.8.28		(東)		(盛)			名古屋	1955.3.31	オロ42	5	1975.12.15

■図23）オロ41形式図

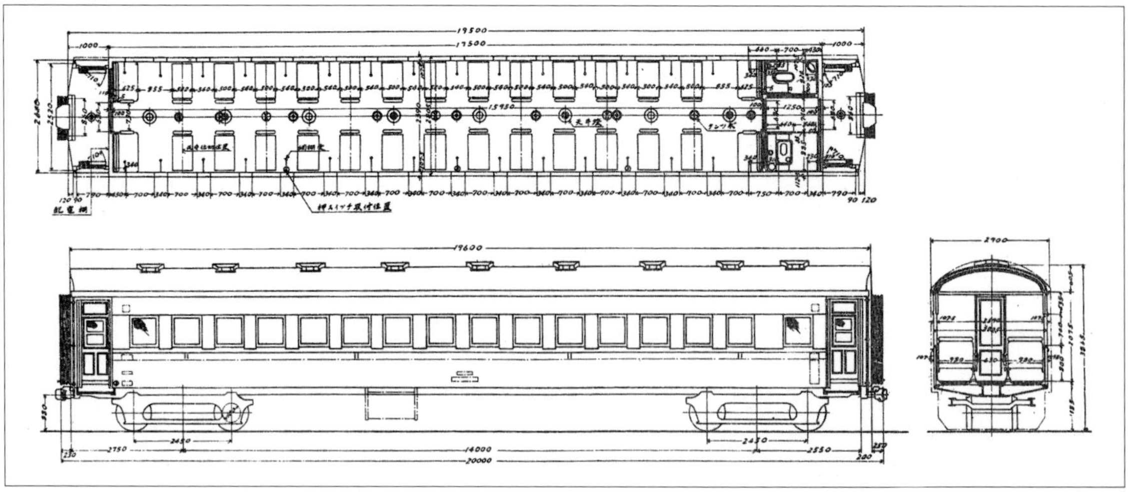

■編成記録⑫
35レ「雲仙」
1951.7.7　東京

EF55 1	浜
オハ35 197	名ナゴ
スニ30 1	門サキ
マユ33 14	門モシ
オロ31 110	門タタ
スロ51 16	門サキ
オロ41 2	〃
オハ35 422	〃
オハ35 1094	〃
オハ35 1017	〃
オハフ33 597	〃
オハ35 1094	門ハヤ
オハフ33 604	〃

■編成記録⑬
202レ「やまと」
1951.7.18　東京

EF58 29	東
オハフ33 566	天ヤマ
オハ35 1041	〃
オハ35 1191	天リユソ
オハフ33 450	〃
オハ35 726	〃
オハ35 1190	〃
スロ51 30	〃
オロフ33 3	〃
オロ41 11	名ナゴ
オハ35 1219	〃
オハ35 1221	〃
オハ35 1217	〃
オハ35 597	〃
スハフ42 28	〃
マニ74 7	天リユソ

出番に恵まれない状況はその後も続く。オロ41にとって不運だったのは、1955（昭和30）年度から実施された並ロの近代化改造で、オロ35に続いて対象になるはずだったのが、特ロ優先への方針転換によって改造が見送りになり、見劣りする設備のままで使われたことだ。

この結果、戦後製でありながらその後もあまり主力線区では使われていない。格下げになる直前の配置区を見ても、門司港、飯田町、都城などが並んでいる。1965（昭和40）年３月には15両全てが格下げとなり、オハ51に形式変更された。

格下げ後はオハ41 200代に４両、オハネ17に３両が改造された。オハネ17は台車をＴＲ47に交換するが、この３両はオロ41の付けていたＴＲ34をそのまま使用し、400代を付けて区別している。

■表33）オロ41車歴表

番号	製造		当初配置	1958年配置	最終配置	改造		改造後		廃車年月日
	会社	年月日				工場	年月日	形式	番号	
オロ41 1	川車	1948.1.31	（門）	長崎	門司港	小倉	1965.3.24	オハ51	1	1972.2.16
オロ41 2	川車	1948.2.27	（門）	長崎	門司港	小倉	1965.3.24	オハ51	2	1975.2.18
オロ41 3	川車	1948.2.27	（東）	尾久	飯田町	大宮	1965.3.27	オハ51	3	1966.11.17
オロ41 4	川車	1948.2.27	（東）	尾久	飯田町	大宮	1965.3.31	オハ51	4	1967.1.23
オロ41 5	川車	1948.2.27	（東）	尾久	飯田町	大宮	1965.3.30	オハ51	5	1975.3.20
オロ41 6	川車	1948.2.28	（東）	尾久	飯田町	大宮	1965.3.30	オハ51	6	1976.11.1
オロ41 7	川車	1948.2.28	（仙）	青森	秋田	土崎	1965.3.19	オハ51	7	1967.10.10
オロ41 8	川車	1948.2.27	（仙）	盛岡	秋田	土崎	1965.3.19	オハ51	8	1967.10.10
オロ41 9	川車	1948.3.27	（門）	長崎	都城	鹿児島	1965.3.29	オハ51	9	1970.12.26
オロ41 10	川車	1948.3.29	（門）	早岐	都城	鹿児島	1965.3.31	オハ51	10	1972.2.10
オロ41 11	川車	1948.3.29	（名）	名古屋	米原	名古屋	1965.3.30	オハ51	11	1967.9.14
オロ41 12	川車	1948.3.31	（名）	名古屋	米原	名古屋	1965.3.30	オハ51	12	1967.9.14
オロ41 13	川車	1948.3.31	（名）	名古屋	米原	名古屋	1965.3.30	オハ51	13	1968.2.22
オロ41 14	川車	1948.3.31	（札）	函館	旭川	旭川	1965.3.31	オハ51	14	1983.1.18
オロ41 15	川車	1948.3.31	（札）	函館	函館	五稜郭	1965.3.23	オハ51	15	1966.1.21

写真68）急行「銀河」に使用されるオロ42 1。　　1955.6.26　京都　P：筏井満喜夫

2. 20　オロ42

- オロ40のジュラルミン車５両を更新修繕、車体を作り替えて新形式とした
- 1954（昭和29）年度に名古屋工場で５両が改造される
- 当時設計段階にあった軽量客車の試作的な要素も盛り込んだ車体構造となる
- 並ロでは唯一の切妻構造で、最初から蛍光灯を装備した
- 急行や準急に使用されるが、1965（昭和40）年度に通勤形改造を受けて形式消滅

戦後の資材不足の中で、軍需用のジュラルミンを鉄道車両に使用し、オロ40のうち98～102の５両を新製した。しかし工作が難しく、腐食などの問題もあって1954（昭和29）年度に大規模な更新修繕を実施することになる。車体を切妻タイプのものに全面的に取り替えた。台車もオロ40の付けていたTR34ではなく、スハ42のTR40と振り替え、枕バネを柔らかいものに取り替えたうえに防振ゴムを付けて乗り心地の改善を図った。

蛍光灯を付けた新車であったため、両数は５両と少なかったが東海道線の急行など優等列車に使用される。編成記録⑭（13頁）では看板列車の「銀河」に、イネや特ロと並んで組み込まれている。また並ロでは唯一、出入台の上に等級表示灯（通称を「アンドン」と呼んだ）を設けたので、「２」や「１」の等級表示の数字はその後も標記されていない。

■図24）オロ42形式図

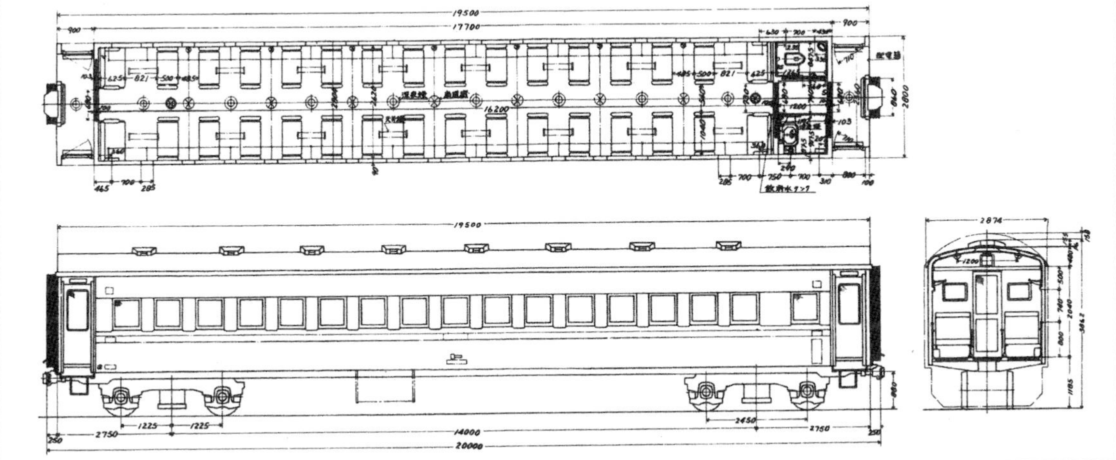

オロ42は1957(昭和32)年には5両全てが品川に集まり、東海道線で使用されるが、写真71)はその時期の珍しい列車である。戦後、横浜～シアトル間に運航する氷川丸の乗客のために、「ポートトレイン」と呼ばれた臨時列車が東京～横浜港の間で運転された時のもので、オロ42の左はオロ35 62、右はオロ31で、その隣りもオロ31のようである。戦後の横浜港は貨物駅だったが、この時は臨時に旅客を扱った。戦後は1957(昭和32)年から運転されたが、1960(昭和35)年8月27日が最終運行となった。

写真69)オロ42 4の車内。蛍光灯装備だが、改造当初は扇風機が付いていない。
P：鈴木靖人

オロ42は1965(昭和40)年度に格下げされるが、その際の経緯がやや不可解である。書類上は1965年9月末に5両全てが盛岡工場でオハ53 101～105に格下げされ、同時に八戸(当時は尻内)に移動している。しかも移動直後の1966(昭和41)年1～3月にかけて、やはり盛岡工場で通勤形改造を受けてオハ41 251～255に形式変更された。オハ53として在籍したのは数ヶ月しかなかったことになる。

格下げは改造とはいっても等級帯を塗りつぶして形式を書き替えるだけだから、数日もあれば出来上がるだろう。しかし通勤形改造は車内の座席を全て撤去し

写真70)台車はウィングばねのTR40Cを付けた。右上の全検標記には改造時の「名古屋工30-3」が読める。　1955.2　P：藤井　曄

写真71)横浜港に到着した、オロ42 3が連結されたポートトレイン。　1959.7.26　P：豊永泰太郎

写真72）八戸線の通勤列車に使用されるオロ42改造のオハ41 252。右の車両を含め合計４両の旧オロ42が確認できる。
1966.11.27
尻内（現・八戸）
P：豊永泰太郎

て作り直し、暖房の配管も変更するからかなりの工期が必要になる。４～５ヶ月でオロ42→オハ53→オハ41という２回の改造を実施したのかという疑問が生じる。現在ではオハ53は書類上だけの存在で、実際はオロ42から直接オハ41へ改造されたのだろうというのが定説になっているが、なぜそのようなややこしい手続きをしたのかは不明である。

ところで国鉄の作成した公式図面で、オロ42から改造されたオハ41の図面（ＶＣ03767）があり、この欄外には図25）のように改造の経緯が記載されている。これによるとオハ53が「昭和38　２等車に格下げ」と書かれているが、これは明らかに間違いで、オロ42は1965(昭和40)年３月末の客車配置表に記載されている。ちなみにオハ53 100代は年度途中に出現して、年度内にオハ41 250代になっているので、年度末を基準に発行されている「国鉄車両配置表」には登場していない。

当然ながらオハ53 100代の写真は見つかっていない。格下げの場合は通常、それまでの車両基地でそのまま在籍するものだが、東京局からわざわざ八戸へ転属させた理由もよくわからない。八戸でのオハ41は八戸線で使われていたようで、1977（昭和52）年度までに全車廃車となる。わずか５両ながら、ジュラルミン車体から始まった遍歴は趣味的に興味を引く。

■編成記録⑭ 14レ「銀河」
1955.7.1　東京

EF58 59	（東）
スハフ42 259	東シナ
スハ43 485	〃
スハ43 484	〃
スハ43 483	〃
スハ43 482	〃
オロ42 1	〃
スロ54 47	〃
スロ54 31	〃
スロネ30 4	〃
スロネ30 2	〃
マイネ41 9	〃
スニ30 75	〃

■図25）国鉄作成のオハ41形式図面より
オハ53 101 ～が存在したことになっている。

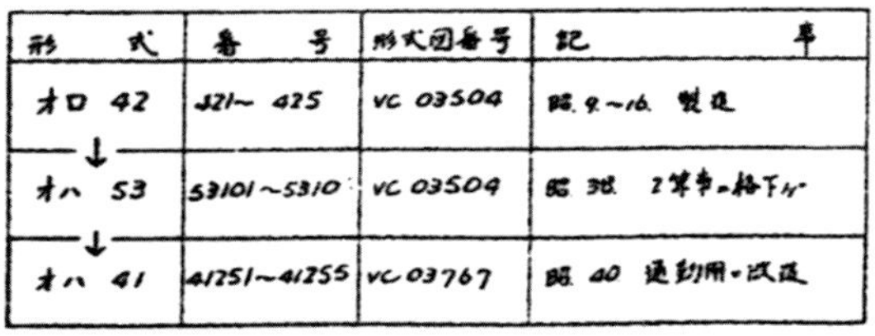

形式	番号	形式図番号	記事
オロ 42	421～ 425	VC 03504	昭.9～16. 製造
オハ 53	53101～5310	VC 03504	昭 38. 2等車ヲ格下ゲ
オハ 41	41251～41255	VC 03767	昭 40 通勤用ニ改造

■表34）オロ42車歴表

番号	オロ40からの改造			当初配置	1958年配置	最終配置	改造		改造後		廃車年月日
	工場	年月日	旧番号				工場	年月日	形式	番号	
オロ42 1	名古屋	1955.3.3	オロ40 98	品川	品川	尻内	盛岡	1965.9.25	オハ53	101	1977.5.6
オロ42 2	名古屋	1955.3.26	オロ40 99	品川	品川	尻内	盛岡	1965.9.25	オハ53	102	1975.627
オロ42 3	名古屋	1955.3.21	オロ40 100	名古屋	品川	尻内	盛岡	1965.9.25	オハ53	103	1975.2.1
オロ42 4	名古屋	1955.3.11	オロ40 101	青森	品川	尻内	盛岡	1965.9.25	オハ53	104	1977.5.6
オロ42 5	名古屋	1955.3.31	オロ40 102	青森	品川	尻内	盛岡	1965.9.25	オハ53	105	1975.12.15

写真73）オロフ33 4の公式側。1,300mm広窓と車掌室の700mm狭窓が対照的だ。　P：鈴木靖人

2. 21　オロフ33

- オロ36をベースに緩急車化した固定座席の広窓車
- 特急用を想定、給仕室を設けて定員は56人に減った
- 1938（昭和13）年度にスロフ31100形として５両を製造
- 全車戦後まで健在で、1965（昭和40）年度に３両がオハフ53に格下げ
- 残る２両は1966（昭和41）年度に廃車となり形式消滅

広窓オハ35系の２等緩急車として1939（昭和14）年３月に５両が誕生した。オロ36をベースに、４人掛け固定座席ながら特急に使用することを想定したため、車掌室の反対側に給仕室を設けている。座席間隔は調整しなかったため、定員は他のロフが60人なのに対し、56人に減少した。

■図26）オロフ33形式図

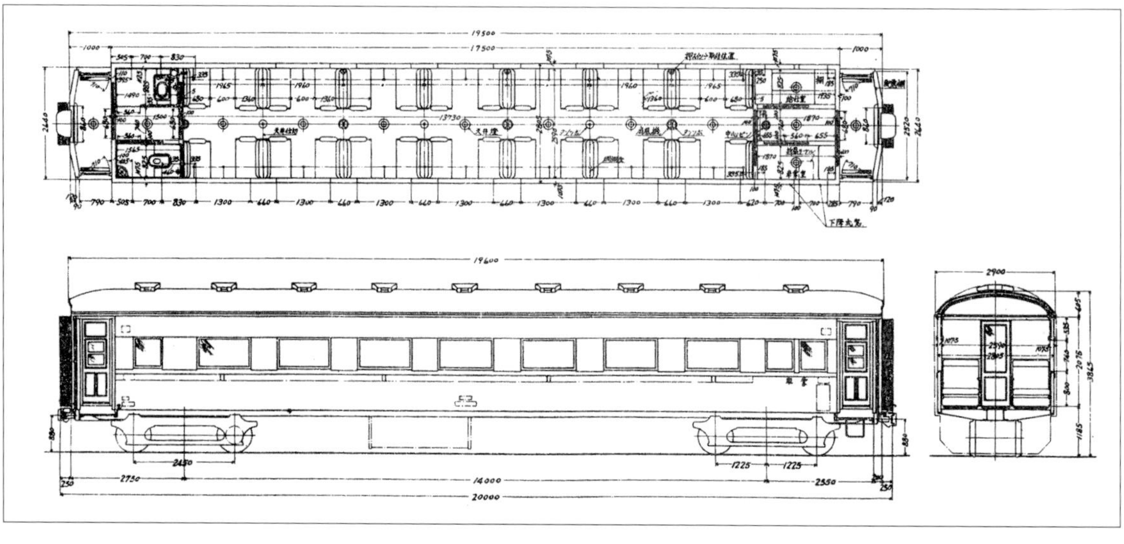

写真74）戦後の資材不足に対応、1,300mm窓を３分割したオロフ33 2。　1951.4.25　新宿　P：伊藤　昭

窓幅はオロ36と同じ1,300mmとしたが、車掌室・給仕室部分は700mmの狭窓を２つ並べたために、独特の外観となっている。オロ36・オロ40と同様、戦後の資材不足期には窓を区切って対応していた。

東京地区に３両、関西地区に２両という配置は最後まで変わらなかった。1965（昭和40）年度に品川区の３両がオハフ53に格下げされ、関西地区の２両は翌66（同41）年度に廃車になる。

写真75）尾久客車区に留置されるオロフ33 2。
1964.11.23
P：豊永泰太郎

■表35）オロフ33車歴表

番号	製造		製造時番号	当初配置	1958年配置	最終配置	改造		改造後		廃車年月日
	会社	年月日					工場	年月日	形式	番号	
オロフ33 1	日車	1939.3.29	31100	（東）	品川	品川	大宮	1965.9.25	オハフ53	1	1968.3.31
オロフ33 2	日車	1939.3.29	31101	（東）	品川	品川	大宮	1965.9.30	オハフ53	2	1968.9.25
オロフ33 3	日車	1939.3.29	31102	（東）	宮原	向日町		⇒			1967.2.10
オロフ33 4	日車	1939.3.29	31103	（大）	品川	品川	大宮	1965.9.25	オハフ53	3	1968.6.20
オロフ33 5	日車	1939.3.29	31104	（大）	龍華	向日町		⇒			1967.2.10

写真76）天王寺局で最後まで健在であったスロハ32 29。　　1955.8　龍華　P：筏井満喜夫

2. 22　スロハ32

・オハ35系の２・３等合造車
・２等は４人掛け固定座席で、窓はオロ40と同じ1,200mm幅を採用
・1939（昭和14）・40（同15）年度に72両を新製
・戦後、５両は北海道向けに改造されて100代に改番
・大半はオハネ17への改造とスハ50へ格下げ
・スロハのまま残った４両が1967（昭和42）年度に廃車、並ロの最後を飾る

狭窓のスロハ31をベースに、２等側の窓を1,200mmの広窓とした形式。外見は大きく変わったが、車内の配置、寸法は全く変わらない。

広窓のオハ35系並ロは1937（昭和12）年度にオロ36が生まれているが、スロハ32は少し遅れて1940（昭和15）年３月から製造が始まる。既に全室２等車は窓幅1,300mmのオロ36の製造が終わり、1,200mmのオロ40の設計が始まっていたので、スロハ32も２等車の窓は1,200mm幅を採用している。

1941（昭和16）年までに72両が生まれ、９両が戦災

■図27）スロハ32形式図

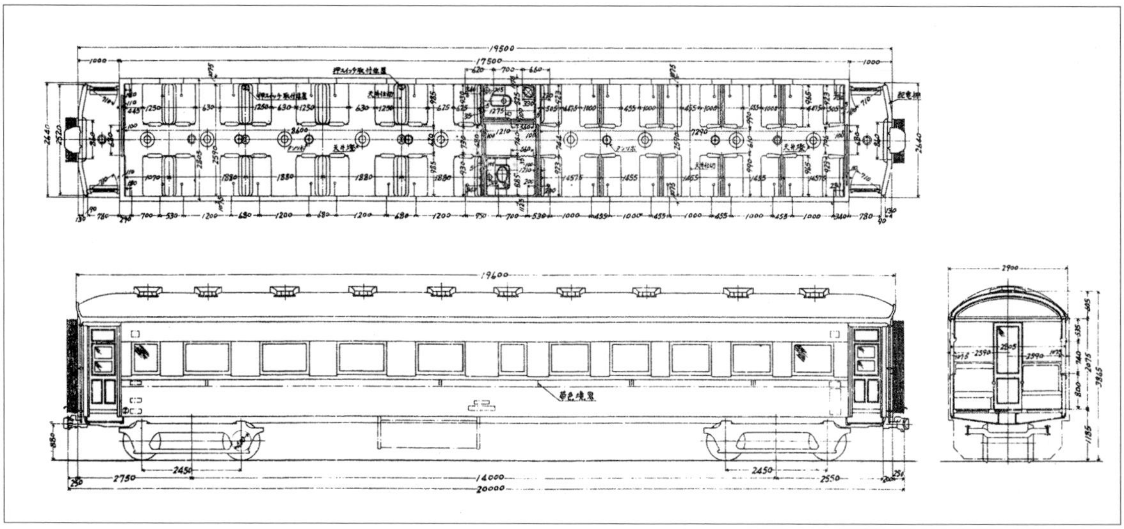

写真77)展望室が特徴の特別職用車スヤ51 11(旧スロハ32 20)。 1950.9.23　尾久　P：中村夙雄

で廃車になって、戦後は63両が在籍した。敗戦後に占領軍に接収された車両のうち５両は、幹部の地方視察用に改造されて特別職用車(スヤ34・スヤ51) となった。２等室側の妻面を展望室に仕立てる特異な形態だったが、あまり使用されずに1952(昭和27) 年にスロハ32に復旧される。その際に北海道向けの寒地対応の改造をしてスロハ32 101 ～ 105に改番され、北海道に渡った(写真は19頁参照)。戦前製の旧型客車は寒地向け車両を特に区別せず、内地向け車と一緒に追い番にしていたが、戦後のオハ60系、スハ43系から形式を分けるか、枝番で区別するようになった。その結果として生まれたのが100代になる。

1963(昭和38) 年度からオハネ17に改造され、翌64(同39)、65(同40)年度には23両が格下げ改造された。形式はスロハ31と同じスハ50に編入され、100代の番号で区別した。また北海道向けに改造された５両のうち３両も格下げされ、こちらは201 ～ 203の番号を付けた。ただ200代の３両は1965(昭和40) 年９月30日付で格下げされて、翌66(同41) 年１月21日付で廃車になっており、在籍期間は４ヶ月弱である。実際に使われたかどうかは、微妙だろうし、200代の写真は見つかっていない。

スロハ32のまま天王寺局管内で使用された４両は1967(昭和42) 年度で運用から外れて廃車となるが、これが並ロの最後の定期運用だった。

■表36) スロハ32車歴表

番号	製造		製造時番号	当初配置	1958年配置	最終配置	電暖改造		改造		改造後		廃車年月日
	会社	年月日					工場	年月日	工場	年月日	形式	番号	
スロハ32 1	新潟	1940.3.31	31550	(仙)		(仙)			戦災廃車				1948.11.22
スロハ32 2	新潟	1940.3.31	31551	(仙)	尾久	仙台	盛岡	1959年度	盛岡	1965.3.20	スハ50	2101	1967.2.28
スロハ32 3	新潟	1940.3.31	31552	(仙)	新潟	長岡			小倉	1964.11.4	オハネ17	2233	1976.11.1
スロハ32 4	新潟	1940.3.31	31553	(東)	尾久	仙台	大宮	1959.11	盛岡	1965.3.21	スハ50	2102	1984.4.20
スロハ32 5	新潟	1940.3.31	31554	(東)	尾久	福島	大宮	1959.11	土崎	1964.3.28	オハネ17	2180	1975.10.18
スロハ32 6	新潟	1940.6	31555		尾久	尾久	大宮	1959年度	大宮	1965.3.25	スハ50	2103	1966.11.17
スロハ32 7	新潟	1940.6	31556			尾久			戦災廃車				1947.1.14
スロハ32 8	新潟	1940.6	31557						長野	1952.11	スロハ32	101	1980.12.26
スロハ32 9	新潟	1940.6	31558			富山			戦災廃車				1947.2.4
スロハ32 10	新潟	1940.6	31559		金沢	飯田町			大宮	1965.9.30	スハ50	112	1987.2.10

(次頁に続く)

（前頁より続く）

番号	製造		製造時番号	当初配置	1958年配置	最終配置	電暖改造		改造		改造後		廃車年月日
	会社	年月日					工場	年月日	工場	年月日	形式	番号	
スロハ32 11	汽支	1940.6	31560			名古屋			戦災廃車				1947.1.14
スロハ32 12	汽支	1940.6	31561		金沢	長岡			小倉	1964.9.26	オハネ17	2230	1975.4.30
スロハ32 13	汽支	1940.6	31562		山田	伊勢			小倉	1964.3.3	オハネ17	205	1975.3.20
スロハ32 14	汽支	1940.6	31563		山田	竜華			小倉	1964.2.8	オハネ17	203	1974.1.8
スロハ32 15	汽支	1940.6	31564		新宮	長岡			小倉	1964.9.28	オハネ17	2231	1975.4.30
スロハ32 16	汽支	1940.7.11	31565	（大）	新宮	竜華			多度津	1965.9.14	オハネ17	2237	1975.8.25
スロハ32 17	汽支	1940.7.11	31566	（大）	竜華	新潟			小倉	1964.1.27	オハネ17	202	1975.7.5
スロハ32 18	汽支	1940.7.30	31567	（大）	竜華	竜華			高砂	1965.9.30	スハ50	113	1982.12.17
スロハ32 19	汽支	1940.7.30	31568	（大）	竜華	竜華			⇒				1967.10.26
スロハ32 20	汽支	1940.7.30	31569	（大）					長野	1952.9	スロハ32	102	1983.6.3
スロハ32 21	日車	1939.10.26	31570	（大）	新宮	新宮			多度津	1965.8.6	オハネ17	2238	1975.6.10
スロハ32 22	日車	1939.10.26	31571	（大）		名古屋			戦災廃車				1946.3.31
スロハ32 23	日車	1939.10.26	31572	（大）	新宮	紀伊田辺			⇒				1967.12.11
スロハ32 24	日車	1939.10.26	31573	（大）	金沢	富山			幡生	1964.9.21	オハネ17	196	1975.2.24
スロハ32 25	日車	1939.10.31	31574	（大）					長野	1953.6.30	スロハ32	103	1966.1.21
スロハ32 26	日車	1939.10.31	31575	（大）		宮原			戦災廃車				1949.3.26
スロハ32 27	日車	1939.10.31	31576	（大）	新宮	新宮			多度津	1964.2.12	オハネ17	187	1987.2.6
スロハ32 28	日車	1939.10.31	31577	（大）					名古屋	1953.3.31	スロハ32	104	1966.1.21
スロハ32 29	日車	1940.1.20	31578	（大）	和歌山	紀伊田辺			⇒				1967.12.11
スロハ32 30	日車	1940.1.20	31579	（大）	和歌山	紀伊田辺			⇒				1967.12.11
スロハ32 31	日車	1940.1.20	31580	（大）	西舞鶴	福知山			土崎	1965.2.8	オハネ17	508	1984.1.5
スロハ32 32	日車	1940.1.20	31581	（大）	西舞鶴	西舞鶴			小倉	1964.3.25	オハネ17	207	1974.8.26
スロハ32 33	日車	1940.1.25	31582	（広）	高松	高知			多度津	1964.3.28	オハネ17	189	1976.10.7
スロハ32 34	日車	1940.1.25	31583	（広）	高松	飯田町			土崎	1966.3.31	オハネ17	510	1984.1.5
スロハ32 35	日車	1940.1.25	31584	（広）	高松	下関			土崎	1964.11.30	オハネ17	506	1980.12.26
スロハ32 36	日車	1940.1.25	31585	（広）	高松	高知			多度津	1964.3.4	オハネ17	188	1987.2.6
スロハ32 37	日車	1940.2.15	31586	（広）	高松	出雲市			小倉	1964.2.15	オハネ17	204	1975.7.5
スロハ32 38	日車	1940.2.15	31587	（広）	和歌山	西舞鶴			後藤	1965.10.5	スハ50	114	1968.5.12
スロハ32 39	日車	1940.2.15	31588	（広）	金沢	富山			幡生	1964.3.14	オハネ17	197	1975.2.24
スロハ32 40	日車	1940.2.15	31589	（広）	高松	福知山			土崎	1966.3.5	オハネ17	511	1983.2.14
スロハ32 41	日車	1940.2.26	31590	（広）	広島	下関			小倉	1964.10.31	オハネ17	2232	1976.11.1
スロハ32 42	日車	1940.2.26	31591	（広）	高松	出雲市			土崎	1964.12.26	オハネ17	507	1983.2.14
スロハ32 43	日車	1940.2.26	31592	（広）	高松	米子			多度津	1965.7.11	オハネ17	2239	1974.12.11
スロハ32 44	日車	1940.2.26	31593	（広）					長野	1952.8	スロハ32	105	1966.1.21
スロハ32 45	日車	1940.2.26	31594	（門）	門司港	下関			幡生	1965.7.27	オハネ17	2240	1982.12.9
スロハ32 46	川車	1940.5.6	31595	（門）		門司港			戦災廃車				1947.1.14
スロハ32 47	川車	1940.5.6	31596	（門）	門司港	下関			幡生	1965.8.30	オハネ17	2241	1982.12.9
スロハ32 48	川車	1940.5.6	31597	（門）	竹下	福島			土崎	1964.2.26	オハネ17	2179	1975.10.18
スロハ32 49	川車	1940.5.6	31598	（門）	門司港	新津			新津	1965.9.30	スハ50	115	1987.2.10
スロハ32 50	川車	1940.5.6	31599	（門）	大分	西舞鶴			幡生	1963.12.5	オハネ17	192	1974.10.12
スロハ32 51	川車	1940.5.6	31600	（門）	大分	新津			新津	1965.9.30	スハ50	116	1984.1.5
スロハ32 52	新潟	1941.6.27	31601	（新）	仙台	青森	盛岡	1959年度	盛岡	1965.3.20	スハ50	2104	1985.7.1
スロハ32 53	新潟	1941.6.27	31602	（新）	仙台	青森	盛岡	1959.11.28	盛岡	1965.3.21	スハ50	2105	1986.7.18
スロハ32 54	新潟	1941.6.27	31603	（新）	新潟	新津			新津	1965.9.30	スハ50	117	1981.12.11
スロハ32 55	新潟	1941.6.27	31604	（新）	新潟	長岡			新津	1965.9.30	スハ50	118	1984.1.31
スロハ32 56	新潟	1941.7.30	31605	（新）	仙台	仙台	盛岡	1959.11.20	盛岡	1965.3.20	スハ50	2106	1986.8.15
スロハ32 57	新潟	1941.7.30	31606	（新）	尾久	尾久	大宮	1959.12	大宮	1965.3.27	スハ50	2107	1966.11.17
スロハ32 58	新潟	1941.7.30	31607	（新）	尾久	尾久	大宮	1959.8	大宮	1965.3.25	スハ50	2108	1966.11.17
スロハ32 59	新潟	1941.7.30	31608	（新）	尾久	尾久	大宮	1959.9	大宮	1965.3.27	スハ50	2109	1966.8.12
スロハ32 60	新潟	1941.7.30	31609	（東）	尾久	尾久	大宮	1959.6	大宮	1965.3.29	スハ50	2110	1966.11.17
スロハ32 61	川車	1941.2.13	31610	（広）	高松	出雲市			多度津	1964.1.23	オハネ17	186	1975.3.31
スロハ32 62	川車	1941.2.13	31611	（広）	西舞鶴	西舞鶴			幡生	1963.12.24	オハネ17	193	1974.10.12
スロハ32 63	川車	1941.2.13	31612	（広）	大分	新潟			土崎	1965.9.3	オハネ17	2242	1975.2.17
スロハ32 64	川車	1941.2.13	31613	（門）	大分	新潟			土崎	1965.3.25	オハネ17	509	1983.9.6
スロハ32 65	川車	1941.2.20	31614	（門）		長崎			戦災廃車				1946.3.31
スロハ32 66	川車	1941.2.20	31615	（門）	門司港	門司			小倉	1963.11.25	オハネ17	199	1975.2.24
スロハ32 67	川車	1941.2.22	31616	（東）	品川	長岡			新津	1965.9.30	スハ50	119	1986.3.31
スロハ32 68	川車	1941.2.22	31617	（東）	尾久	尾久	大宮	1959.8	大宮	1965.3.29	スハ50	2111	1967.1.23
スロハ32 69	川車	1941.2.28	31618	（東）		（東）			戦災廃車				1949.3.26
スロハ32 70	川車	1941.2.28	31619	（名）	富山	富山			幡生	1964.3.30	オハネ17	198	1975.3.20
スロハ32 71	川車	1941.2.28	31620	（名）	富山	飯田町			大宮	1965.9.30	スハ50	120	1986.3.5
スロハ32 72	川車	1941.2.28	31621	（名）	富山	富山			幡生	1964.2.10	オハネ17	195	1975.2.24
スロハ32 101	長野	1952.11	スヤ51 12	旭川	旭川	旭川			土崎	1963.10.18	オハネ17	503	1980.12.26
スロハ32 102	長野	1952.9	スヤ51 11	旭川	旭川	旭川			土崎	1963.11.19	オハネ17	504	1983.6.3
スロハ32 103	長野	1953.6.30	スヤ51 13	（札）	小樽	（札）			五稜郭	1965.9.30	スハ50	201	1966.1.21
スロハ32 104	名古屋	1953.3.31	スヤ34 11	（青）	小樽	（札）			五稜郭	1965.9.30	スハ50	202	1966.1.21
スロハ32 105	長野	1952.8	スヤ51 14		小樽	函館			五稜郭	1965.9.30	スハ50	203	1966.1.21

スロハ32の中でも寒地向け改造を施され、北海道へ渡ったスロハ32 102。
1962.3.24　旭川
P：富樫俊介

Column4　オロ＋オハ＝スロハ？

ある客車ファンの方から質問されたことがある。オハ31系ではオロ30とオハ31の合造車はオロハ30になる。ところがオハ35系ではオロ40とオハ35の合造車はスロハ32となっている。オロとオハを足して、なぜスロハになるのだろうという疑問だった。

形式別の解説でも触れたように、オロ40とオハ35は登場時にはスロ31120、スハ33650という形式で、1941（昭和16）年の称号規程の大改正の際に、換算重量の見直しによってオロとオハに形式変更された経緯がある。スロとスハの組み合わせなら、スロハになるのは当然で、そうなるとスロハ32（登場時はスロハ31550）はなぜ1941年の改番の際にオロハ32にならなかったのかという疑問になる。

客車の重量区分は５ｔ刻みで、乗客や荷物を載せた積車時の重量で判定する。その計算の仕方は、まず自重が基準になる。車両は新製・改造時に台秤で重量を計る。そこに整備重量として蓄電池や水の分の１ｔを足し、乗客や荷物の重さを加える。乗客は20人で１ｔの割合、つまり１人50kgとして定員分の人員の重さを計算する。

そこで車両諸元表をもとに、オロ40、オハ35、スロハ32の３形式の重量と想定積車重量を表にまとめてみた。これを見ると３形式とも自重に幅があり、オハ35にいたっては3.5ｔの差がみられる。オ級車とス級車の境目は37.5ｔだから、オハ35の積車重量は両方にまたがっている。かといって、同じ形式の車両でオハとスハが混在するのはまずいからどちらかに決める。オハ35の場合、製造開始時には重い車が多く、徐々に製造技術の進歩で軽くなっていったのではないか。軽量車の方が多くなってきたので、スハをオハに変更したのだろう。同様の例では、スハ43の後期製作車がいったんスハ43で登場後にオハ46に改番されている。この時はスハ43から分離して新形式を起こす形をとった。

ところでこの表をさらにみると、オロ40の場合は最大自重でもオの範囲内に収まっているから、なぜスロとして登場したのか不思議になる。恐らく設計時の想定重量でスロとして形式を決めていて、実際はそれより軽かったのだろう。逆の事例としては、20系の最初の電源車マニ20は、スニ20として誕生し、車体にもそのように標記されていたが、検重したところとてもスニでは収まらなかったため、急きょマニ20に形式変更している。

以上を前提にスロハ32を検討してみる。オハ35と同様、積車重量はオとスの境界をまたいでいるが、オロ40、オハ35に比べると自重は少し重いようである。スロハ32の写真で妻面の自重標記が読めるものを調べてみると、一番軽かったのが51の31.2ｔ、重かったのは104の34.0ｔと、両車ともに諸元表の自重の範囲を越えているが、数字が読めた８両は32～33ｔと重めの車が多いようだ。そんなことでスロハで据え置かれたのだろう。

スロハ32の自重が重い背景には、合造車特有の構造があるかもしれない。中央部に便・洗面所を設けるために、客室との間の間仕切り、扉が４ヶ所必要で、オロやオハに比べて１ヶ所多い。そうした点が微妙に影響して、スロハ32はス級で据え置かれたのだろう。

■オハ35系３形式の自重と積車換算重量

	自重(t)	定員(人)	積車重量(t)
オロ40	31.3～32.7	64	35.5～36.9
オハ35	29.7～33.2	88	35.1～38.6
スロハ32	31.5～33.9	ロ36ハ40	36.3～38.7
オ級	32.5以上37.5未満(t)		
ス級	37.5以上42.5未満(t)		

写真78）マロネ37を種車としたスロハ38 1。　　1960.8.27　仙台　P：伊藤　昭

2. 23　スロハ38

- ・戦後、２等車不足を補うため改造で登場
- ・種車は２等寝台車を戦時中に３等車に改造したマハ47
- ・半車を４人掛け固定座席のロに改造
- ・全て二重屋根車で３軸ボギーを装荷
- ・大部分はスハ38に格下げされて廃車となる

戦中戦後を通じて縮小、一時は全面中止となっていた２等車の運行は、1948（昭和23）年ころより主要幹線から復活してくる。その過程で営業部門から、支線の列車にも２等車を連結するよう要望が出てきた。幹線の急行列車から下車した２等の乗客が支線に乗り換えると設備の悪い３等車ばかりの列車になることに苦情が出てきたためだ。

こうした線区では乗客数の関係から全室のロではなく、２・３等合造車のロハが使用されており、支線区では木製車の比率が高かった。ところがこうした車両は戦中戦後の老朽化がひどく、1949（昭和24）年度から始まった鋼体化改造で、60系客車の種車に使用されて営業線からは木製客車をなくす方針が決まったため、全国的にロハが不足する事態になる。新製する資金的な余力がなかったため、改造によって生み出すことになった。

具体的な検討が始まったのは1951（昭和26）年始めのことで、当初はオロ31を改造して２・３等合造車とする案が検討され、形式も「オロハ34」が用意された。検討時の形式図案が残っている（図28）。青焼きのためにいささか見にくいが、３等は10区画で定員40人とする。２等は種車の２人掛け座席を６列残し、定員24人を想定した。

だがこの構想は結局実現しなかった。オロ31は20m級の並ロと比べれば見劣りするが、それでも幹線の急行に使われていたほどで、需給には余裕がない。この当時の星 晃さんの部内打合せメモには「タネ車に困る」という注記がある。

代わって浮上したのが、戦時中に２等寝台車から改造された３等車マハ47を種車にする案だった。戦時下の改造であったため設備が悪く、どのみち更新修繕で車内設備をレベルアップする時期にきていたため、

■図28）オロハ34形改造図面　構想だけで実現することはなかった。

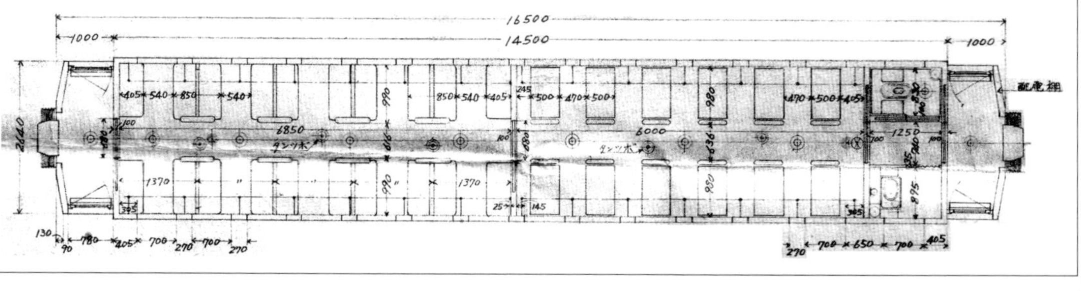

写真79) マロネフ37を種車にしたスロハ38 31。右寄りの窓配置が0代と異なる。 1954.6.24 上野 P：伊藤 昭

写真80) スロハ38 116。マロネ37が種車だが、台車がTR73になっている 1962.8.4 福島 P：葛 英一

それと合わせてロハへ改造するのが効率的だと判断された。戦前の代表的な２等寝台車であるマロネ37（1948年の改番でマロネ29となる）からの３等車改造の場合、車両の両端にあった便・洗面所を後位側だけを残して全て撤去して４人掛けの座席を配置する。デッキ寄りはロングシートにして定員増を計っていた。窓枠に関係なく座席を等間隔に設置したため、窓と座席は一部でずれている。スロハ改造では、便・洗面所側の半分をロとし、窓枠に合わせて４人掛け座席を配置した。３等車部分の座席はそのままだが、デッキ寄りのロングシートはボックスシートに戻している。定員は２等が32人、３等が48人となった。

ロハのような合造車の場合、便・洗面所は車両の中央部に置かれるのが通例だが、スロハ38は改造車だったために種車の構造をそのまま残して、２等車側のデッキ寄りに付いている。

こうした経緯で誕生したスロハ38は50両が計画されたが、1951年度は準備が整わずにまず20両が登場、1952年度に残る30両が加わった。番号は０代（マロネ37形が種車）、30代（マロネフ37が種車）、100代（マロ

■**図29）マロネ37からマハ47への改造図** 出入台付近は定員を増やすためにロングシートにしている。

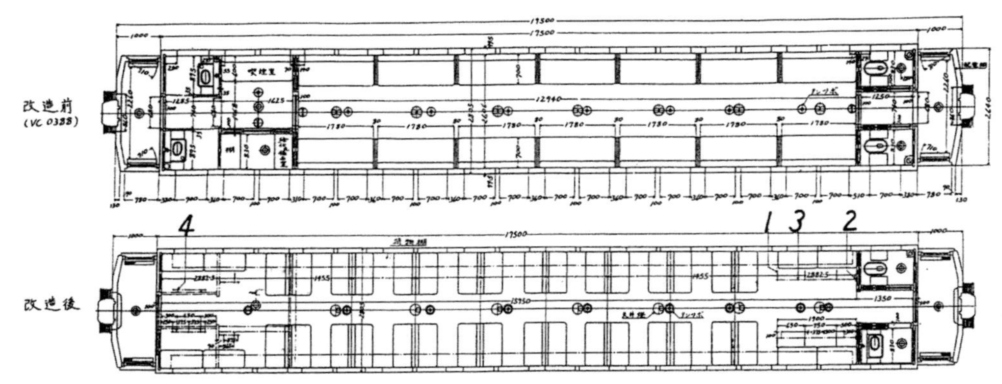

■**図30）スロハ38形式図** ２等座席は種車の２連窓に合わせている。

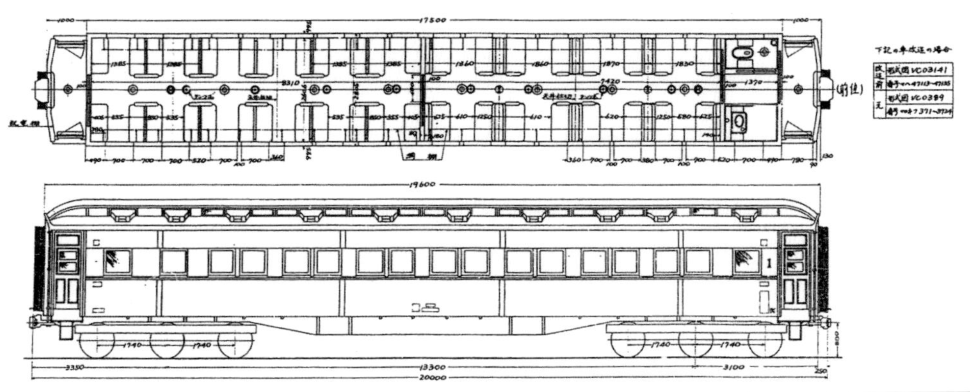

ネ37後期車が種車）と３つに区分された。この番号区分は、改造前のマハ47の種車までさかのぼって区別する厳密なもので、恐らく起案は番号にこだわる星さんだったのだろう。３タイプとも二重屋根で100代の22両は台車がTR23タイプの３軸ボギー TR 73を使用、それ以外は釣り合いバリ式のTR71を履いている。

ところで改造が行われた1951（昭和26）年度当時の客車の形式番号ルールでは、３軸ボギー車は末尾が７～９となっていた。とすればこの車両はスロハ37となっておかしくないが、実際は38を使用する。この背景には、次頁コラム５）で後述するように、戦時中に一時的ではあるがスロハ37が既に存在していたことを考慮したようだ。またこのころには1953（昭和28）年度に実施する称号規程改正が検討段階に入っており、３軸ボギー車の末尾を８～９に縮める考えも浮上していたのだろう。

スロハ38は改造時の経緯から、亜幹線、支線を中心に配置された。例えば1956（昭和31）年１月現在の仙台鉄道管理局の客車配置表を見ると、郡山に４両、小牛田に３両が配置されている。仙台には特ロやオロ40、スロハ32といった主要形式があるのに対し、郡山区は磐越西線、小牛田区は大船渡線、陸羽東線など

■表37）スロハ38車歴表

番号	改造前（マハ47）	種車		改造		配置	1958年配置	最終配置	格下げ		廃車年月日
		形式	番号	工場	年月日				工場	年月日	
スロハ38 1	マハ47 5	マロネ37	5	幡生	1953.2.28	（東）	仙台	仙台	盛岡	1963.3.25	1964.3.30
スロハ38 2	マハ47 9	マロネ37	9	小倉	1953.2.28	（東）	新潟	新潟	新津	1963.3.30	1964.3.4
スロハ38 3	マハ47 16	マロネ37	16	長野	1952.2.26	（新）	直江津	直江津	長野	1963.3.30	1964.7.1
スロハ38 4	マハ47 17	マロネ37	17	長野	1952.3.24	（東）	新潟	新潟	新津	1963.3.30	1964.7.1
スロハ38 5	マハ47 18	マロネ37	18	長野	1952.2.25	（新）	直江津	直江津	長野	1963.3.30	1964.3.4
スロハ38 6	マハ47 20	マロネ37	20	長野	1952.3.28	（東）	長岡	長岡	長野	1963.3.30	1964.2.11
スロハ38 7	マハ47 22	マロネ37	22	幡生	1952.10.28	（名）	名古屋	富山	松任	1963.3.29	1964.1.31
スロハ38 8	マハ47 23	マロネ37	23	長野	1952.2.29	（新）	直江津	直江津	⇒		1963.3.9
スロハ38 9	マハ47 24	マロネ37	24	長野	1952.2.14	（仙）	郡山	福島	土崎	1963.3.25	1963.12.16
スロハ38 10	マハ47 25	マロネ37	25	幡生	1952.11.21	（広）	広島	下関	幡生	1963.3.26	1963.8.31
スロハ38 11	マハ47 27	マロネ37	27	長野	1951.12.15	（仙）	郡山	郡山	盛岡	1963.3.27	1964.7.1
スロハ38 12	マハ47 29	マロネ37	29	長野	1952.11.29	（盛）	尻内	郡山	盛岡	1963.3.27	1964.3.30
スロハ38 13	マハ47 30	マロネ37	30	後藤	1952.12.25	（仙）	郡山	郡山	盛岡	1963.3.27	1966.3.24
スロハ38 14	マハ47 35	マロネ37	35	後藤	1952.3.31	（名）	和歌山	亀山	高砂	1963.3.29	1964.8.15
スロハ38 15	マハ47 39	マロネ37	39	幡生	1952.12.24	（金）	金沢	富山	松任	1963.3.30	1964.3.30
スロハ38 16	マハ47 40	マロネ37	40	幡生	1952.12.27	（仙）	小牛田	亀山	高砂	1963.3.29	1963.8.1
スロハ38 31	マハ47 113	マロネフ37	1	後藤	1952.6.30	（東）	長岡	長岡	⇒		1963.3.9
スロハ38 32	マハ47 116	マロネフ37	4	後藤	1952.7.29	（千）	新潟	新潟	⇒		1963.3.9
スロハ38 33	マハ47 117	マロネフ37	5	後藤	1952.10.31	（岡）	浜田	亀山	高砂	1963.3.29	1963.8.1
スロハ38 34	マハ47 118	マロネフ37	6	後藤	1952.3.29	（門）	大分	鹿児島	⇒		1963.3.9
スロハ38 35	マハ47 120	マロネフ37	8	長野	1952.3.31	（名）	名古屋	名古屋	名古屋	1963.3.30	1965.1.7
スロハ38 36	マハ47 121	マロネフ37	24	後藤	1952.6.30	（岡）	浜田	亀山	高砂	1963.3.29	1963.8.1
スロハ38 37	マハ47 122	マロネフ37	10	後藤	1952.6.25	（分）	大分	鹿児島	⇒		1963.3.9
スロハ38 38	マハ47 123	マロネフ37	11	後藤	1952.3.11	（門）	鳥栖	熊本	⇒		1963.3.9
スロハ38 39	マハ47 124	マロネフ37	12	後藤	1952.2.29	（門）	鳥栖	仙台	盛岡	1963.3.25	1965.2.13
スロハ38 40	マハ47 127	マロネフ37	15	後藤	1952.2.28	（門）	鳥栖	岡山	⇒		1962.12.10
スロハ38 41	マハ47 129	マロネフ37	17	後藤	1952.11.29	（盛）	尻内	釜石	盛岡	1963.3.28	1964.3.30
スロハ38 42	マハ47 130	マロネフ37	18	後藤	1952.6.23	（東）	長岡	長岡	⇒		1963.3.9
スロハ38 101	マハ47 45	マロネ37	45	長野	1952.1.24	（仙）	郡山	西舞鶴	⇒		1963.1.7
スロハ38 102	マハ47 46	マロネ37	46	長野	1952.3.26	（東）	長岡	長岡	長野	1963.3.30	1964.7.1
スロハ38 103	マハ47 49	マロネ37	49	後藤	1952.1.31	（門）	鳥栖	和歌山	⇒		1963.2.9
スロハ38 104	マハ47 52	マロネ37	52	幡生	1953.1.29	（東）	長岡	長岡	長野	1963.3.30	1964.2.11
スロハ38 105	マハ47 54	マロネ37	54	幡生	1953.1.31	（門）	長崎	岡山	幡生	1963.3.29	1963.8.1
スロハ38 106	マハ47 57	マロネ37	57	後藤	1952.7.23	（門）	長崎	長崎	⇒		1963.2.9
スロハ38 107	マハ47 58	マロネ37	58	後藤	1952.2.16	（門）	門司港	門司港	⇒		1963.2.9
スロハ38 108	マハ47 60	マロネ37	60	小倉	1952.12.13	（門）	門司港	門司港	⇒		1963.2.9
スロハ38 109	マハ47 62	マロネ37	62	小倉	1952.11.25	（熊）	広島	下関	幡生	1963.3.26	1963.8.1
スロハ38 110	マハ47 64	マロネ37	64	後藤	1952.1.26	（門）	大分	新潟	新津	1963.3.30	1963.10.3
スロハ38 111	マハ47 65	マロネ37	65	後藤	1952.3.17	（門）	長崎	門司	⇒		1963.2.9
スロハ38 112	マハ47 66	マロネ37	66	後藤	1953.1.31	（仙）	小牛田	仙台	盛岡	1963.3.25	1966.3.24
スロハ38 113	マハ47 67	マロネ37	67	後藤	1952.10.31	（鹿）	門司港	伊勢	高砂	1963.3.29	1963.8.1
スロハ38 114	マハ47 75	マロネ37	75	幡生	1952.11.29	（広）	広島	下関	幡生	1963.3.28	1963.8.1
スロハ38 115	マハ47 77	マロネ37	77	後藤	1952.11.29	（盛）	尻内	釜石	盛岡	1963.3.28	1965.2.13
スロハ38 116	マハ47 78	マロネ37	78	後藤	1953.1.26	（仙）	郡山	仙台	盛岡	1963.3.25	1964.7.1
スロハ38 117	マハ47 79	マロネ37	79	小倉	1953.3.27	（天）	浜田	出雲市	後藤	1963.3.30	1963.12.18
スロハ38 118	マハ47 80	マロネ37	80	小倉	1953.1.20	（広）	新潟	新潟	新津	1963.3.30	1964.2.11
スロハ38 119	マハ47 86	マロネ37	86	後藤	1952.10.31	（名）	名古屋	名古屋	名古屋	1963.3.30	1966.1.24
スロハ38 120	マハ47 87	マロネ37	87	幡生	1953.2.28	（大）	金沢	名古屋	名古屋	1963.3.30	1966.6.9
スロハ38 121	マハ47 88	マロネ37	88	幡生	1953.3.24	（大）	金沢	名古屋	名古屋	1963.3.30	1964.10.6
スロハ38 122	マハ47 89	マロネ37	89	幡生	1952.12.16	（大）	直江津	直江津	長野	1963.3.30	1963.12.18

で使用されている。東北地区ではこれらの線区のほか、釜石線、八戸線など、スロハ38の配置で２等車が復活した線区がかなり確認できる。編成記録⑮・⑯はそうした列車の例である。

改造からほぼ10年でスロハ38は役割を終える。1962(昭和37)年度に14両が廃車となり、それ以外の36両はスハ38に格下げになり形式消滅する。３軸ボギー車だったので再改造はなく、スハ38も翌1963年度から廃車となり、1966年度で全車姿を消した。

■編成記録⑮
217レ 喜多方行
1954.12.24　郡山

D50 256	(会)
オハユニ25401	仙ワカ
オハフ61 204	仙コリ
オハ61 276	〃
オハ61 285	〃
スロハ38 9	〃
スユニ72 14	〃
マニ60 414	東ヲク

■編成記録⑯
716レ
1955.10.1　東鳴子

C58 26	(小)
スロハ38 112	仙ココ
オハニ61 238	〃
オハニ61 303	〃
オハ60 364	〃
オハフ61 352	〃

Column5　幻の車両スロハ37

太平洋戦争が激化し、戦時体制に切り替えられて国内の輸送力増強が図られる。優等車や食堂車などは連結を中止し、３等車への改造が計画された。その過程で生まれたのがスロハ37である。

種車となったのは２等・食堂合造車のスロシ38(38000形)である。亜幹線では全車の２等車、食堂車を連結するのは無駄になるので、２つの機能を１両にまとめた合造車が設計される。２等車は標準的な２人掛け転換式座席で定員は20人、食堂車は定員18人で、３軸ボギー車だが形態はスハ32系の丸屋根車にあたる。

改造はかなり大がかりなもので、食堂車の設備を全て撤去して３等室を設け、前位デッキ寄りにあった便・洗面所を２・３等の間に置き、形式はスロハ37とされた。２等室は便・洗面所の部分に１列の座席を増設して定員24人、３等は座席間隔を詰めて定員50人とした。旅客車の改造で、便・洗面所の位置を変えるのは非常に珍しい。２等車の定員を増やして２等・３等の座席数のバランスを図りたかったからだろうが、ずい分手間をかけたものである。

計画ではスロシ38 12～20をスロハ37 1～9に改造するはずだったが、スロシ38 17からスロハ37 6への改造が1942(昭和17)年12月に小倉工場で１両完成しただけで、それ以降のスロハへの工事は中止となる。その理由ははっきり明示されていないが、戦時体制下でもともと２等車は運行が危ぶまれる状況だったから、わざわざロハ車を増備する理由に乏しかったのではないか。

この結果、スロハ37は１形式１両の希少形式となったが、肝心のスロハ37 6は戦災を受けて1949(昭和24)年３月24日付で廃車になってしまう。実際に車体が損壊したのは敗戦時の1945(同20)年以前だから、在籍期間は２年ほどだったのではないか。この結果、完成直後に魚雷攻撃で沈没した空母「信濃」のように、写真が残っていない。図面でしかその姿を想像できない幻の形式となった。

スロハ改造が中止された残りのスロシ38は、結局調理室部分は残して食堂と２等部分をまとめて３等車として改造されたマハシ48として登場、戦後は正式に全車３等車に整備してマハ29となっている。

■スロハ37形式図　上段が改造前のスロシ38。

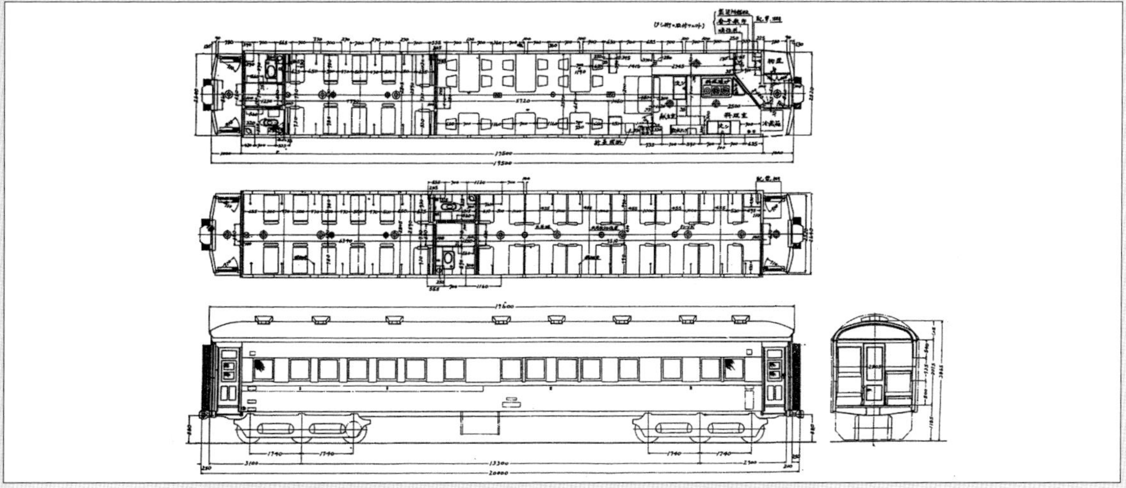

写真81）軍番号709のスロハ33 3（スハ32 675の改造）。　1950.4.10　尾久　P：伊藤　昭

3．軍用客車の時代

敗戦によって日本は連合国軍の占領下に置かれ、多くの車両が軍用客車として接収された。その中には、軍事輸送のために特別の改造を受けたものがあり、いくつかの新形式が生まれる。

「ロ」の形式符号を付けた軍用新形式車は次頁表41）の通りで、「ロニ」というこれまでにない車種も登場した。並ロの概念からはやや外れるが、特殊な車両だけに趣味的には妙味のあるジャンルである。簡単にこれらの車両を解説してみよう。

●オロ41

スハニ32 62を1945（昭和20）年に改造、オロ41 1となった。荷物室に調理台、テーブルなどを置き、客室の座席は撤去して２等座席（４人掛け固定座席と長手座席の組み合わせ）を設置した。翌46年には寝台を設置する再改造を施してオイネ31となる。この結果、「41」の形式数字が空いたため、1948（同23）年から新製された戦後製並ロは「オロ41」を名乗る。つまり軍用車が初代、新製並ロが二代目のオロ41である。

●スロフ34

上巻46・47頁の「スロハフ31」の項目で説明。

■図31）オロ41形式図　上は種車のスハニ32。

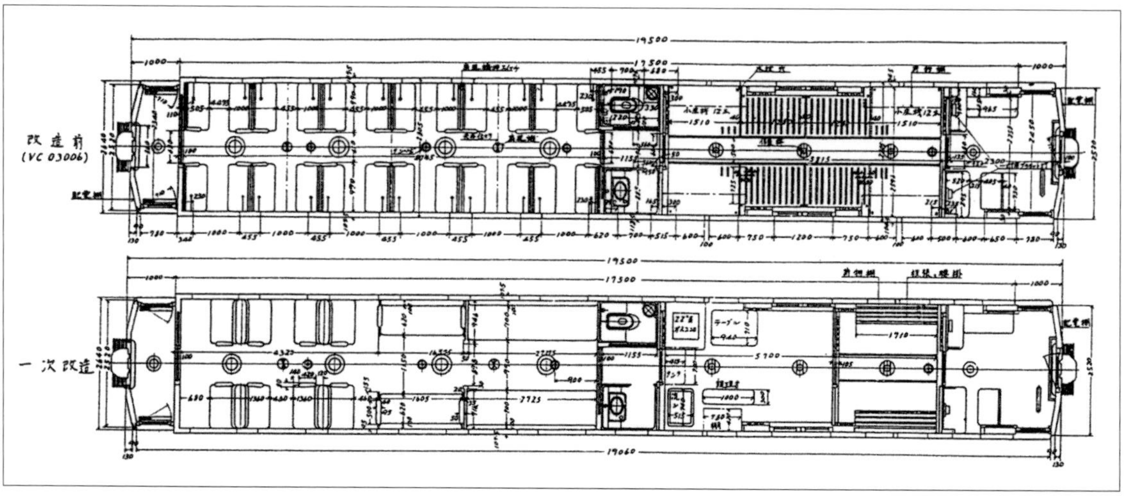

●スロハ33

スハ32から1947(昭和22)年に3両が改造された。前位側は3等座席を14区画(56人)残し、後位側に20人の2等座席を配置した。

軍用となるのは2等部分だけで、3等部分は一般の車両として運用されたため、「区分軍用車」と分類されて、軍用車を示す白帯はロ部分だけに塗られている。

■表41)連合軍専用車として生まれた新形式車両数表

形式	種車	1945年度	46	47	48	49	50	51	52	53	54	55
オロ41	スハニ32	1	0									
スロフ34	スイロフ30					2	2	2	2	0		
スロハ33	スハ32			3	3	3	3	3	3	0		
オロニ30	オハニ30	1	4	4	2	2	0					
スロニ31	スハニ31・32	9	27	27	27	22	15	14	10	5	1	0
スロニ32	スハニ32		1	1	1	1	1	1	0			
スロニ33	スロハ31		2	2	2	2	1	1	0			
スロニ34	スロハ32		1	1	1	1	0					
スロニ35	スハニ31		1	1	1	1	1	1	0			
スロニ36	スハニ33			1	1	1	1	1	1	1	0	

■図32)スロハ33改造図面　上が種車のスハ32。

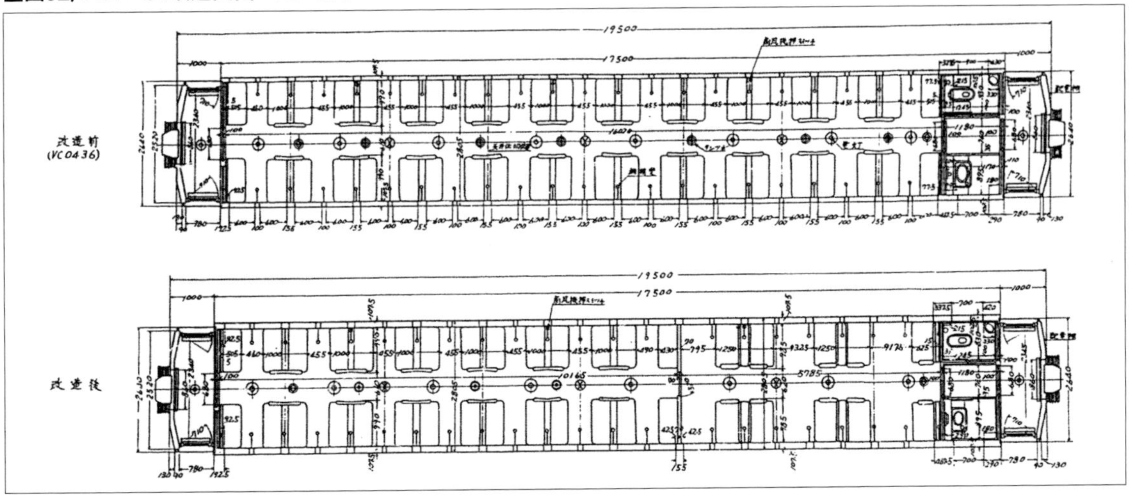

●オロニ30

占領軍は各地に駐留する部隊に、必要な機材、食料などを輸送するが、その際に警備のために兵士が同乗する。体の大きい米国人兵士には、ハニの座席では狭すぎるため、間隔を広げた車両に改造され、「ロニ」という新しい車種ができる。

まず1946(昭和21)年にオハニ30を種車にオロニ30が作られた。シートピッチは1,975mmと、同系列のオロ30の1,920mmに比べて若干広がっている。

■図33)オロニ30改造図面　上が種車のオハニ30。

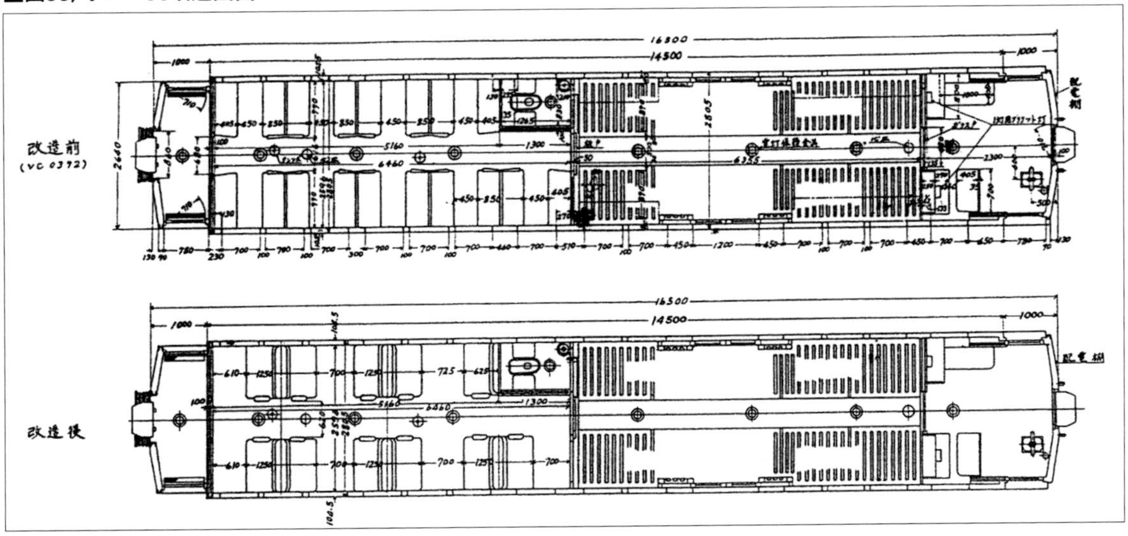

写真82）軍用車から返還され、帯を塗り替えているスロニ31 2。
1952.3.26
P：瀬古龍雄

●スロニ31

スハニ31・32を種車に、客室部分を2等車に改造した。27両が生まれ、狭窓・広窓車、二重屋根車も含まれる。シートピッチもオロニ30並みの車両と、極端に広げた車両が混在している。

スハニ32を改造したスロニ31 11・12は実に2,910mmと1.5倍になる。これなら足の長い外国人もゆったりとくつろげたであろう。

■図34）スロニ31形式図

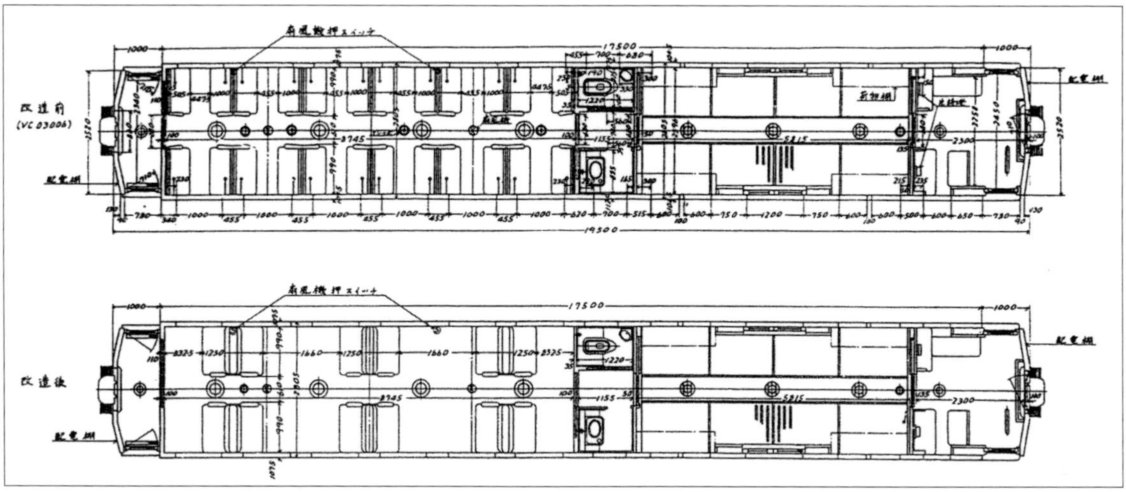

●スロニ32

スハニ32から改造、ロ部分は長手座席とした。

●スロニ33

スロハ31とスロハ32から各1両が改造された。3等室内の座席を撤去して荷物室としたが、荷物を積み下ろしするための開き戸は設けず、デッキから運搬した。2等の座席はそのまま使用したので、ずいぶん窮屈だったであろう。

●スロニ34

スハニ31を改造、3等座席は全て撤去し、2人掛け転換式座席を設置した。同様の構造のオロ35がシートピッチ970mmなのに対して1,455mmに広がっている。スハニ31はもともと便所だけで洗面所がなかったが、これでは軍用として使用に耐えないために、改造の際に増設している。

■図35）スロニ32形式図

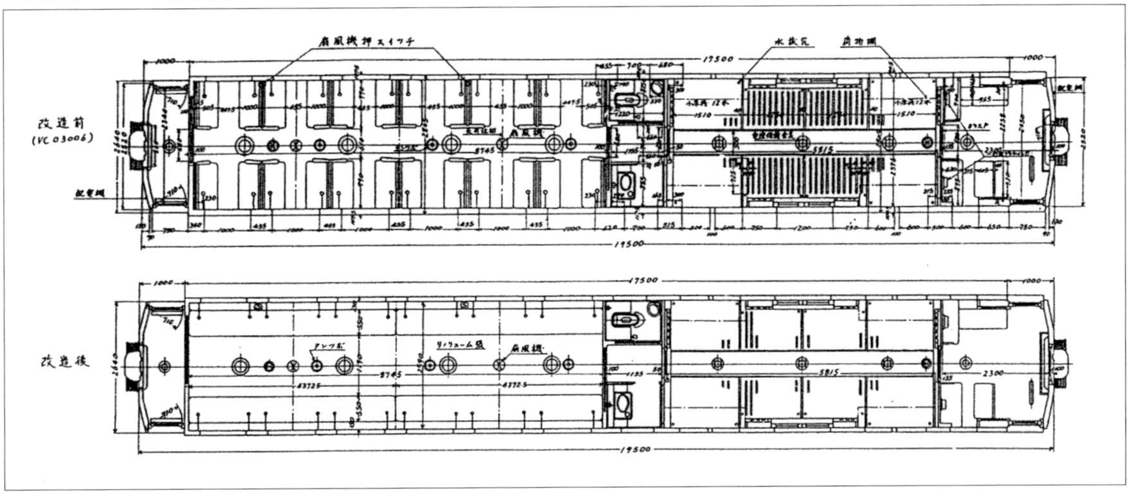

■図36）スロニ33形式図

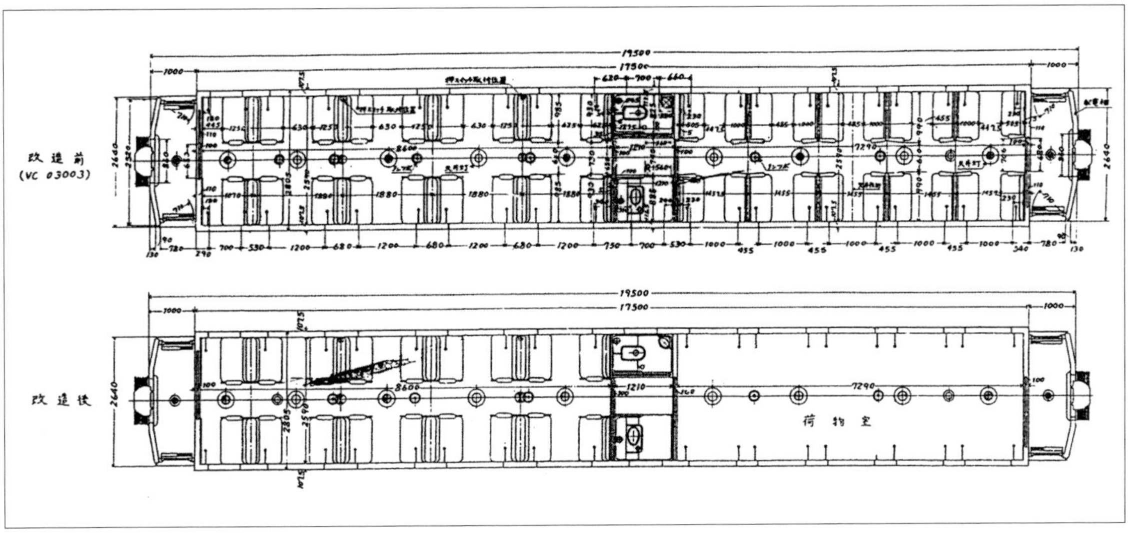

■図37）スロニ34形式図

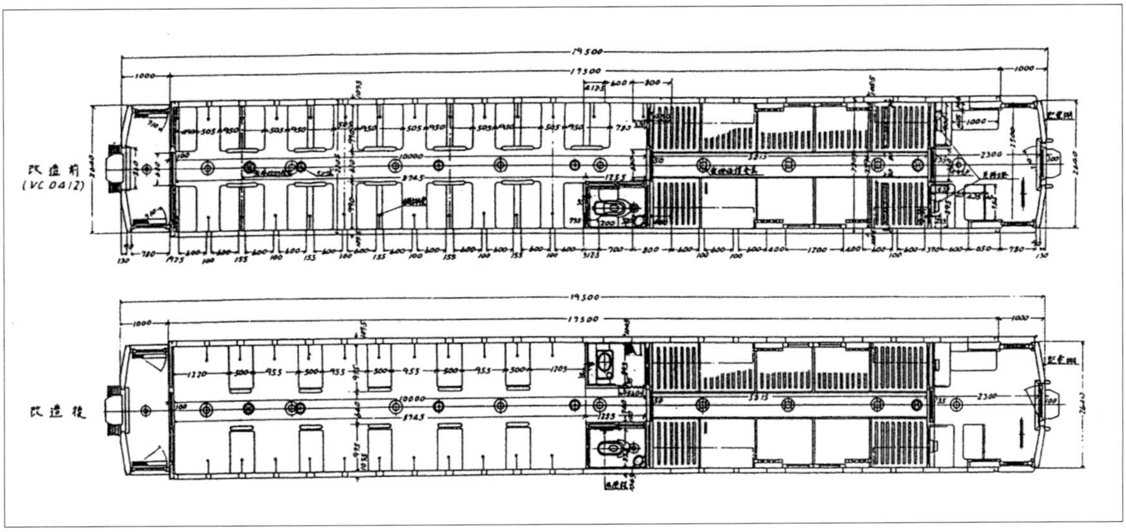

■図38）スロニ35形式図

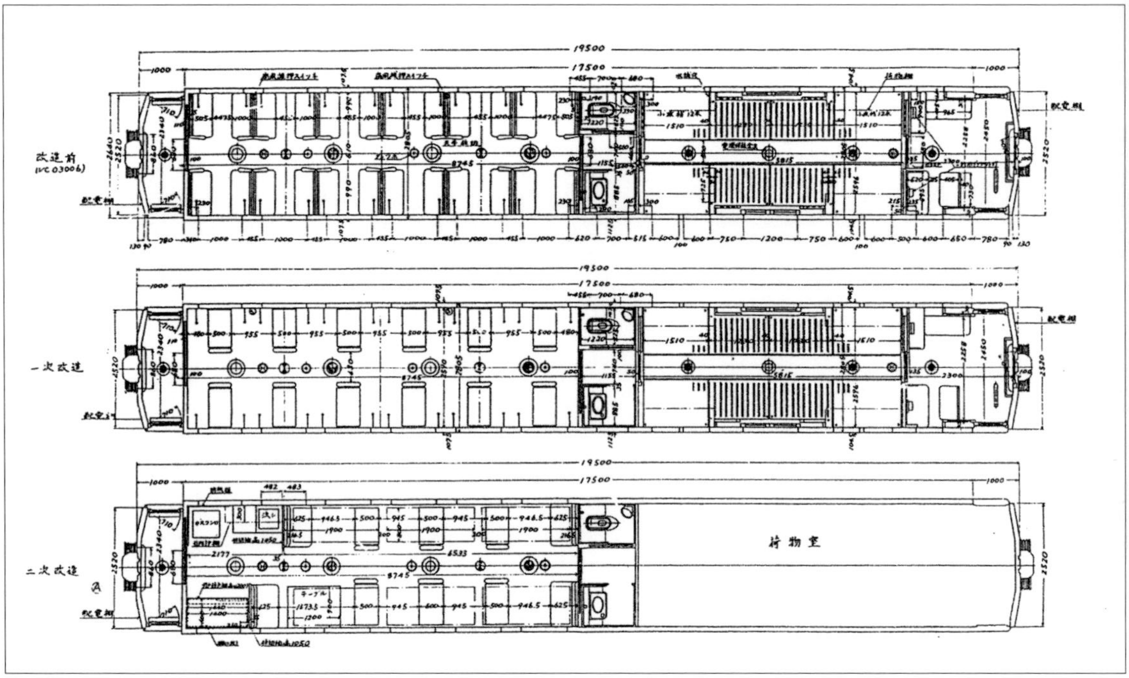

●スロニ35

スハ二32を改造、スロ二34と同様の２人掛け転換式座席だったが、すぐに第二次改造が行われ、デッキ寄りに簡易調理台や戸棚などを設置、さらに座席の上に簡易寝台を設けている。

●スロニ36

スロ二35と同様スハ二33（スハ二31を戦時改造、定員を増やしたもの）を転換式座席に改造し、第二次改造で簡易調理台などを設置している。

■図39）スロニ36形式図

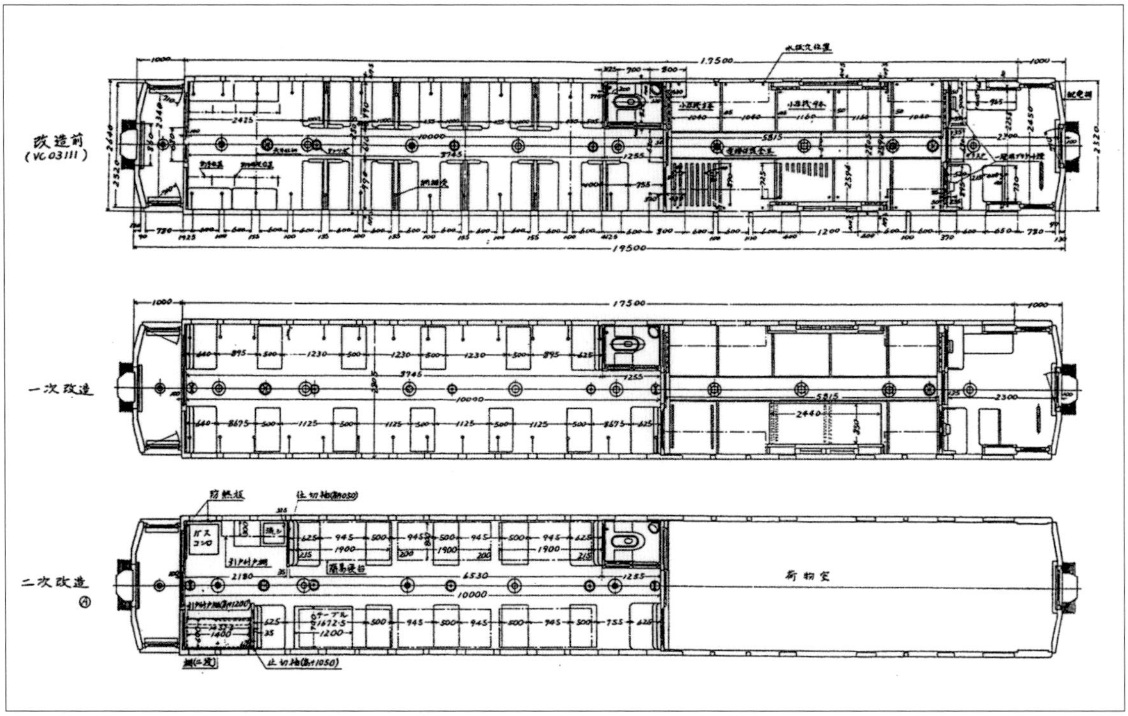

写真83）オエ61 301（旧オロ35 8）の妻面に付けられた改造銘板。
1981.5.6　旭川客貨車区
P：藤井　曄

4．近代化改造と蛍光灯化

上巻で触れたように、1955・56（昭和30・31）年度に、オロ35形式60両が近代化改造を受ける。車内に蛍光灯と化粧板を付け、窓枠をアルミサッシに切り替えて新車並みに設備が向上した。当時は「近代化」とはいわず、従来からの「更新修繕」という用語で扱っているが、一般の更新修繕に比べて大規模な改造になっている。このためだろうか、オロ35の妻面には「改造」と「更新修繕-2」という2枚の銘板が付けられていた。写真83）はオロ35 8が種車となったオエ61 301の妻面で、1956（昭和31）年10月に土崎工場で近代化改造工事を受けているため、ご覧のように、「昭和31年土崎工場」の銘板が2枚確認できる。

並ロではオロ35を皮切りに、順次他形式にも実施されるはずだったが、途中で国鉄の方針が変わって1957（昭和32）年度から特ロを先行することになる。この結果、他の並ロは改良から取り残されていたが、特ロの近代化が一段落した1960（昭和35）年度から、後回しになった並ロの改造が関西地区で再開される。内容はオロ35の改造と同様で、室内を化粧板で張り替えて照明を蛍光灯に取り替え、便・洗面所窓も改良した。窓枠は木枠を残している。関西地区は近郊の行楽地や四国連絡などに客車列車が多く残っており、並ロの設備向上が必要だったようだ。関西支社の予算で独自に近代化改造を実施したもので、1960（昭和35）年度から1962（同37）年度までの期間に、オロ35・オロ36・オロ40の3形式21両に工事が行われた。

■表42）関西地区の並ロの近代化改造状況

	1960年度	1961年度	1962年度	合計
オロ35	1			1
オロ36		2	1	3
オロ40	7	6	4	17
合計	8	8	5	21

旧型客車の車内は白熱灯、ニス塗りが基本で薄暗く、大きく見劣りした。近代化改造は車内設備を一新して新車並みの改良になるのだが、難点は工事費がかかることで、オロ35の場合は1955・56年度で各30両、合計60両しか実施できなかった。国鉄の旧型客車は10,000両近くあり、これではいつまでたっても客車のレベルアップは実現しない。手っ取り早く照明だけでも蛍光灯に取り替えたかったのだが、客車の場合はそう簡単にいかない構造的な問題があった。

戦前から、客車の照明は車軸発電機による直流24Vの電源を使用していた。停車時にも照明が消えないようにするために蓄電池を経由するので、直流が前提になり電圧も低く、これでは量産品の蛍光灯を使用できない。そこで解決策として、直流24Vを電源とする交流発電機を設置し、交流100Vを作って蛍光灯電源とする仕組みが考え出される。

ところがもう一つ問題があった。既存の照明用配線は24V対応なので、ここに交流100Vを流すと絶縁破壊を引き起こしてしまう。つまり新たに交流用の配線を引き直す必要があり、そうなると天井板をはがす大改造になる。どうせはがすならと、内張りを化粧板に張り替える近代化改造を実施することになった。

写真84）宇野線で使用された近代化改造後のオロ36 9。
1963.8.17　岡山　P：和田　洋

写真85）近代化改造されたオロ40 76の室内。
P：鈴木靖人

■表43）並ロの年度別の蛍光灯取付両数

形式	1959年度末在籍数	蛍光灯取付両数			取付合計
		60年度	61年度	62年度	
スロ32	10		1		1
スロ33	22		13		13
スロ34	17	3	7		10
オロ35	43	1	2		38
オロ36	36	16	20		36
オロ40	76	62	12	2	76
オロ41	15	15			15
スロ43	21	1			26
スロフ30	19	1	2	1	4
オロフ31	2		2		2
オロフ32	9	1	6	2	9
オロフ33	5		5		5
スロハ31	51		6	4	10
スロハ32	63		16	3	19
スロハ38	50		1		1
合計	439	100	93	12	265

※『車輛工学』1962年11月号掲載の「客車用けい光灯」中の資料から作成。
オロ35、スロ43は1955・56年度の近代化改造の際に蛍光灯車に変わっている

そこで国鉄は簡便な蛍光灯化の手法を部外に研究委託し、トランジスタを使った小型のインバータを開発する。この方式は従来の配線をそのまま使い、蛍光灯の灯具に取り付けたインバータで直流から交流に変換する。照明効果を高めるためにニス塗りだった内張板を白色の塗料で塗り替えている。

近代化改造に比べてコストは大幅に安く済むため、新方式の導入で一気に蛍光灯化のスピードが上がった。1960（昭和35）年度に始まった工事で、並ロはまず100両が対象となり、1962（同37）年度までの３年間に270両が蛍光灯化される（関西地区の近代化改造車を含む）。

この時期の蛍光灯は直管タイプだったので、従来の白熱灯用の円形台座は使えず、長方形の台座を新たに設置した。スマートさには欠けるが、照度は従来の５倍くらいに明るくなったので、乗客には喜ばれる。並ロの蛍光灯化は1962（同37）年度まで続き、オロ36やオロ40は全車が改造される。二重屋根車両も対象に含まれたが、こちらは縦長の天井に灯具はむしろマッチした印象だ。

写真86) 天井中央に蛍光灯用台座を取り付けたオロフ33 2。客席部分の内張りはニス塗りだが、天井は白色で塗りつぶした。
1962.5.27　品川客車区　P：伊藤　昭

写真87) 二重屋根のスロ34 4も蛍光灯化される。　P：鈴木靖人

Column6　並ロには出現しなかった青塗色車

国鉄の客車は長らく、特急用の一部の例外を除いてぶどう色に統一されていたが、1964(昭和39)年10月に塗色に関する規程が改正されて、優等列車用の車両は青15号に塗り替えることになった。対象となるのは大半の軽量客車と近代化改造を受けた旧型客車で、これによって急行列車はほぼ全車が青塗色車となる。

この規程改正では、並ロは対象に含まれなかった。強いていえば、近代化改造を受けて蛍光灯を装備したオロ35やスロ43は青になってもおかしくなかったが、規程では具体的に形式名を明示していて、そこに書かれていない。1970年代に入ると、蛍光灯を取り付けたオハ60系車両まで青に塗られるようになるが、そのころには並ロは姿を消していたので、青の並ロは出現していない。

微妙なところが北海道のマロネロ38である。本書では並ロとしては取り上げていないが、オロ35とマロネ37の合造車で、２人掛け転換式座席である。札幌～稚内間の夜行準急「利尻」には、1966(昭和41)年１月末までマロネロ38が連結されていて、２月からオロハネ10に置き換えられた。『鉄道ファン』誌1966年４月号の投稿欄(「localtrain」)に「Cロネ全廃」という記事が掲載されていて、その中に利尻に使用されていたマロネロ38は、「当初予定されていなかったが、内部近代化改造及び外部ブルー塗色が施されていた」と記されている。

この「近代化改造」は正式のものではなく、蛍光灯取り付けと内張板の塗りつぶしだったと思われるが、青塗色は可能性がある。マロネロ38は塗色規程では対象形式として書かれていないが、優等列車がほとんど青の車両になると、１両だけ茶色では編成美を崩すという理屈で、規程にはなくても青に塗り替える例が起きていた。利尻のマロネロ38もそんな事例だったかもしれない。

写真は1965(昭和40)年６月13日に札幌駅で撮影されたマロネロ38 9で、隣りの荷物車と対比すると青のように見える。

準急「利尻」に入ったマロネロ38 9。
1965.6.13
P：佐藤進一

写真88）房総地区ではオロハ30が活躍したが、後に格下げされてローカル列車に使用された。写真はオハ26 30。
1963.8.11　蘇我
P：豊永泰太郎

5．その後の改造・廃車

5.1　格下げと通勤形改造

1960年代に入って、客車の世界で２つの問題が生じてきた。ハ（２等車）の不足と並ロ（１等車）の陳腐化、そして利用率の低下である。国鉄は1961（昭和36）年10月に全国規模のダイヤ改正を計画し、空前の列車増発を考えていたために、車両の需給が大きな問題となっていた。

客車は1959（昭和34）年度で新製が中止されたので、総数が増えることはない。1961年７月に国鉄営業局（後の旅客局）がまとめた資料によると、10月改正では新たに561両の客車が必要になる一方で、改造や老朽廃車で193両が減少する。電車化、気動車化で生み出される客車は217両で、差し引き537両が不足するという計算になった。これだけ大量の車両が不足しては、増発ダイヤは絵にかいた餅になってしまう。

関係者がまず着目したのが支社単位で配置している操配用客車の見直しである。臨時列車などのために、全国で678両の予備車が配置されていたが、２等客車の減少で、操配用車両に回せるのは141両に激減してしまう。これでは臨時列車の計画が立てられない状態になる。そこで余剰感の出てきた並ロに着目され、設備はそのままに２等車に格下げして使用すれば、一石二鳥になると判断された。

表44）は10月改正前後の並ロの需給をまとめたもので、差し引き200両以上が定期運用を外れる計算になっていた。この中で特に見劣りするのが鋼製客車初期のオハ31系17m車で、この時点で123両が１等車として使用されていた。そこで老朽化の著しい一部車両は廃車にしたうえで、80両程度を形式変更し２等車の需給を改善することになった。

■表44）1961年10月改正前後の並ロの所要両数

	ロ	ロフ	ロハ	ロハフ	合計
1960年度末保有両数	338	35	196	16	585
1961年10月改正所要両数	185	8	148	7	348
差し引き	153	27	48	9	237

対象となったのは、オロ30→オハ27（1両）、オロ31→オハ27（66両）、オロハ30→オハ26（30両）の合計97両で、廃車は17両にとどまった。各地区の運用に落とし込むと、なかなか余裕がなくて想定よりも廃車が少なくなったようだ。格下げ後の車両は原則として１等車時代と同じ基地に置かれ、普通列車に使用されている。

17m級並ロに続き、1962年度にはスロハ31・32・38、スロハフ30・31の各形式が格下げされ、1963年度からは残る形式も一斉に対象になる。結局鋼製客車の並ロで格下げされなかったのは、スロ32、スロフ34・43の３形式にとどまった。

格下げ後は形式番号で空いていた50代の数字を順次当てはめたが、たちまち埋まってしまう。このためいったんスハ51に改造した旧スロ33が１両に減ってきたために、スロ43の格下げ形式であるスハ54に編入して再度改番した。形式番号で空いた「51」は、オロ41の格下げ車用にオハ51という形式に使用した。このほか、オロ36とオロ40はオハ55、スロハ31とスロハ32はスハ50の同一形式にまとめ、枝番で区別して形式番号がパンクしないように工夫している。

車両を改造する場合、担当の工作局が新旧番号対照表を作り工場など関係機関に通知する。格下げのようにある形式をまとめて別形式にする場合、よく採られるのが旧番号をそのままにして形式だけ変える方式である。この場合、番号に欠番ができて、連続せずに飛ぶことがある。これに対して、種車を番号順に並べ

写真89）オハ41 2103の車内。　　1974.8.18　新庄客貨車区　P：永島文良

■表45）格下げ車の年度末両数推移

形式	1960	61	62	63	64	65	66	67	68	69	70
オロ30	1										
→オハ27･150代		1	1								
オロ31	90	1									
→オハ27･0代		55	43	9	1						
スロ33	22	19	11								
→スハ51→スハ54				2	1	1					
スロ34	17	14	10								
→スハ52				6	5	3	1	1			
オロ35	43	38	38	36	36	6					
→オハ53				2	2	19	8	3	1		
オロ36	36	36	36	3							
→オハ55･100代				25	18	13	8	1	1	1	1
オロ40	76	76	76	28	28	21	7				
→オハ55･0代				48	33	23	8				
オロ41	15	15	15	15							
→オハ51					15	7	5				
スロ43	21	26	26	25	21	15					
→スハ54				1	2	8	7	1	1		
スロフ30	19	19	14								
→スハフ50				9	7	6	2	2			
スロフ31	2	2	2								
→スハフ51				1	1	1					
オロフ32	9	9	9	9	9	2					
→オハフ52					7	7	2	2			
オロフ33	5	5	5	5	5	2					
→オハフ53						3	2	2			
オロハ30	32										
→オハ26		24	21	7	1	1					
スロハ31	51	48									
→スハ50			37	25	18	12	7				
スロハ32	63	63	63	43	24	4	4				
→スハ50					11	20	6	1			
スロハ38	50	50									
→スハ38			36	14	4	1					
スロハフ30	14	14									
→スハフ34･0代			10	3	1	1	1				
スロハフ31	2	2									
→スハフ34･20代			2	2							

て、新しい形式で１番から順に車両番号を付ける追い番方式もある。

格下げ車の場合、旧番号を活かしたケースがほとんどだが、スロハ32→スハ50・100代、オロフ32→オハフ52、オロフ33→オハフ53は空いた番号を埋める追い番方式で改造された。スハ50の場合、スロハ31を改番した0代は旧番号を活かしているので、なぜか同一形式内で付番ルールを変えた。スロハ31の場合は全車一斉に格下げしたのに対し、スロハ32は段階的に実施されるので、年度ごとに順番に並べた追い番の方が都合がよかったのかもしれない。

全体で360両を超す大がかりな改番だったが、格下げ車はすぐに姿を消す。立派な座席だが２等車に使用すると痛みが激しく、保守に手間がかかった。このため格下げ車のほとんどは１～２年後に再改造され、座席をすべてロングシートにした通勤形車両に衣替えした。旧２等車の落ち着いた車内が、戦後すぐの70系客車を思わせる殺風景な光景となった。

通勤形という車種が客車に正式にあるわけではない。戦時中に混雑緩和のために、デッキに近いボックス席をロングシートに改造した例を参考に、並ロの座席を全て撤去してロングシートを並べる。便・洗面所も便所は残すが洗面所は撤去して、立ち席の空間とした。背板部分はなく、座れれば良いだろうという機能本位の設計である。通勤車としての使用を前提に、吊り輪をずらりと並べた車内は壮観だった。**（36頁へ続く）**

■表46）格下げ車 車歴表

改造後			改造		再改造/廃車		再改造後	
形式	番号	配置	年度	番号	工場	年月日	形式	番号
■スハ50・0代←スロハ31								
スハ50	1	福島	1962	1	廃車	1967.4.1		
スハ50	3	長岡	1962	3	大宮	1963.8.6	オハネ17	138
スハ50	7	尾久	1962	7	多度津	1964.8.14	オハネ17	2218
スハ50	8	尾久	1962	8	小倉	1964.9.3	オハネ17	2229
スハ50	11	新潟	1962	11	廃車	1966.12.13		
スハ50	12	新潟	1962	12	廃車	1967.2.7		
スハ50	14	尾久	1962	14	大宮	1963.6.29	オハネ17	2136
スハ50	16	尾久	1962	16	大宮	1963.7.17	オハネ17	2137
スハ50	20	尾久	1962	20	大宮	1963.10.25	オハネ17	142
スハ50	22	釜石	1962	22	廃車	1967.4.1		
スハ50	23	釜石	1962	23	土崎	1966.2.3	オハネ17	512
スハ50	25	名古屋	1962	25	長野	1963.10.26	オハネ17	2152
スハ50	26	名古屋	1962	26	廃車	1966.6.9		
スハ50	28	錦糸町	1962	28	土崎	1965.11.28	オハネ17	513
スハ50	29	錦糸町	1962	29	土崎	1965.12.26	オハネ17	514
スハ50	32	福島	1962	32	土崎	1967.6.23	マニ36	73
スハ50	34	旭川	1962	34	盛岡	1963.8.3	オハネ17	123
スハ50	35	福島	1962	35	土崎	1967.10.12	マニ36	74
スハ50	37	出雲市	1962	37	小倉	1963.9.10	オハネ17	169
スハ50	40	尾久	1962	40	多度津	1964.7.10	オハネ17	2217
スハ50	42	福島	1962	42	土崎	1965.10.24	オハネ17	2249
スハ50	43	福島	1962	43	土崎	1967.8.31	マニ36	75
スハ50	45	長岡	1962	45	土崎	1966.8.13	マニ36	2001
スハ50	46	福島	1962	46	土崎	1967.7.17	マニ36	76
スハ50	47	福島	1962	47	土崎	1967.7.16	マニ36	77
スハ50	48	尾久	1962	48	小倉	1964.7.21	オハネ17	2227
スハ50	50	旭川	1962	50	盛岡	1963.10.18	オハネ17	127
スハ50	51	室蘭	1962	51	土崎	1963.8.2	オハネ17	131
スハ50	52	小樽	1962	52	土崎	1963.9.30	オハネ17	135
スハ50	53	旭川	1962	53	多度津	1966.1.22	オハネ17	2250
スハ50	54	旭川	1962	54	土崎	1965.7.7	オハネ17	2235
スハ50	55	長岡	1962	55	廃車	1964.7.1		
スハ50	56	長岡	1962	56	土崎	1966.8.18	マニ36	2002
スハ50	58	福島	1962	58	土崎	1964.10.23	オハネ17	2216
スハ50	59	旭川	1962	59	土崎	1964.10.8	オハネ17	2215
スハ50	60	函館	1962	60	長野	1963.11.6	オハネ17	2153
スハ50	61	旭川	1962	61	土崎	1963.6.21	オハネ17	128
■スハ50・100代←スロハ32								
スハ50	2101	仙台	1964	2002	廃車	1967.2.28		
スハ50	2102	仙台	1964	2004	土崎	1967.9.23	マニ36	78
スハ50	2103	尾久	1964	2006	廃車	1966.11.17		
スハ50	2104	仙台	1964	2052	土崎	1967.10.3	マニ36	79
スハ50	2105	仙台	1964	2053	土崎	1967.5.23	マニ36	2080
スハ50	2106	仙台	1964	2056	土崎	1967.9.10	マニ36	2081
スハ50	2107	尾久	1964	2057	廃車	1966.11.17		
スハ50	2108	尾久	1964	2058	廃車	1966.11.17		
スハ50	2109	尾久	1964	2059	廃車	1966.8.12		
スハ50	2110	尾久	1964	2060	廃車	1966.11.17		
スハ50	2111	尾久	1964	2068	廃車	1967.1.23		
スハ50	112	飯田町	1965	10	土崎	1966.7.5	マニ36	2013
スハ50	113	竜華	1965	18	多度津	1966.8.9	マニ36	2014
スハ50	114	西舞鶴	1965	38	廃車	1968.5.12		
スハ50	115	新津	1965	49	土崎	1966.7.30	マニ36	2015
スハ50	116	新津	1965	51	土崎	1966.7.24	マニ36	2016
スハ50	117	新津	1965	54	土崎	1966.8.10	マニ36	2017
スハ50	118	長岡	1965	55	土崎	1967.9.21	マニ36	82
スハ50	119	長岡	1965	67	土崎	1966.6.26	マニ36	2018
スハ50	120	飯田町	1965	71	土崎	1966.7.20	マニ36	2019
スハ50	201	函館	1965	103	廃車	1966.1.21		
スハ50	202	函館	1965	104	廃車	1966.1.21		
スハ50	203	函館	1965	105	廃車	1966.1.21		
■スハ51←スロ33								
スハ51	6	小樽	1963	6	土崎	1964.7.21	オハネ17	2210
スハ51	24	米原	1963	24	名古屋	1965.3.30	スハ54	1

改造後			改造		再改造/廃車		再改造後	
形式	番号	配置	年度	番号	工場	年月日	形式	番号
■オハ51←オロ41								
オハ51	1	門司港	1964	1	小倉	1966.3.25	オハ41	201
オハ51	2	門司港	1964	2	小倉	1965.12.13	オハ41	202
オハ51	3	尾久	1964	3	廃車	1966.11.17		
オハ51	4	尾久	1964	4	廃車	1967.1.23		
オハ51	5	尾久	1964	5	小倉	1966.2.22	オハネ17	403
オハ51	6	尾久	1964	6	幡生	1965.12.18	オハネ17	404
オハ51	7	秋田	1964	7	廃車	1967.10.10		
オハ51	8	秋田	1964	8	廃車	1967.10.10		
オハ51	9	都城	1964	9	鹿児島	1965.11.15	オハ41	203
オハ51	10	都城	1964	10	鹿児島	1965.11.27	オハ41	204
オハ51	11	米原	1964	11	廃車	1967.9.14		
オハ51	12	米原	1964	12	廃車	1967.9.14		
オハ51	13	米原	1964	13	廃車	1968.2.22		
オハ51	14	旭川	1964	14	多度津	1965.11.9	オハネ17	2405
オハ51	15	函館	1964	15	廃車	1966.1.21		
■スハ52←スロ34								
スハ52	13	姫路	1963	13	廃車	1968.5.12		
スハ52	16	姫路	1963	16	多度津	1966.9.30	マニ36	54
スハ52	17	尾久	1963	17	廃車	1965.3.31		
スハ52	18	米原	1963	18	多度津	1966.7.19	マニ36	2003
スハ52	19	米原	1963	19	廃車	1966.1.21		
スハ52	21	米原	1963	21	廃車	1966.3.31		
■オハ53・0代←オロ35								
オハ53	1	高崎	1965	1	土崎	1966.7.28	マニ36	2004
オハ53	2	高崎	1965	2	土崎	1966.7.9	マニ36	2005
オハ53	3	名古屋	1965	3	多度津	1967.7.19	マニ36	83
オハ53	6	名古屋	1965	6	多度津	1967.7.29	マニ36	84
オハ53	7	旭川	1963	7	大船	1966.2.26	オヤ36	2001
オハ53	8	名古屋	1965	8	多度津	1966.7.26	マニ36	2006
オハ53	9	高崎	1965	9	土崎	1966.6.30	マニ36	2007
オハ53	10	錦糸町	1965	10	土崎	1966.12.23	マニ36	28
オハ53	11	新庄	1965	11	土崎	1965.12.4	オハ41	308
オハ53	12	新庄	1965	12	土崎	1966.1.21	オハ41	309
オハ53	13	秋田	1965	13	土崎	1966.2.28	オハ41	310
オハ53	31	下関	1965	31	幡生	1965.12.2	オハ41	301
オハ53	32	下関	1965	32	幡生	1965.11.27	オハ41	302
オハ53	34	下関	1965	34	幡生	1965.12.3	オハ41	303
オハ53	35	姫路	1965	35	廃車	1969.11.6		
オハ53	36	姫路	1965	36	多度津	1966.8.31	マニ36	2008
オハ53	37	和歌山	1965	37	多度津	1966.7.11	マニ36	2009
オハ53	40	下関	1965	40	幡生	1965.12.9	オハ41	304
オハ53	41	下関	1965	41	幡生	1965.11.30	オハ41	305
オハ53	42	下関	1965	42	幡生	1965.12.8	オハ41	306
オハ53	44	和歌山	1965	44	多度津	1966.8.24	マニ36	10
オハ53	45	和歌山	1965	45	多度津	1966.8.3	マニ36	2011
オハ53	46	和歌山	1965	46	多度津	1966.8.25	マニ36	12
オハ53	47	和歌山	1965	47	土崎	1967.9.11	マニ36	85
オハ53	48	成田	1965	48	土崎	1967.1.6	マニ36	42
オハ53	49	成田	1965	49	土崎	1967.9.13	マニ36	86
オハ53	50	成田	1965	50	廃車	1968.6.20		
オハ53	54	下関	1965	54	幡生	1965.12.2	オハ41	307
オハ53	60	旭川	1963	60	多度津	1965.12.13	オハネ17	2259
オハ53	62	成田	1965	62	廃車	1968.6.20		
オハ53	69	名古屋	1965	69	多度津	1967.6.15	マニ36	87
オハ53	70	尻内	1965	70	盛岡	1965年度	オハ41	311
■オハ53・100代←オロ42								
オハ53	101	尻内	1965	1	盛岡	1966.1.19	オハ41	251
オハ53	102	尻内	1965	2	盛岡		オハ41	252
オハ53	103	尻内	1965	3	盛岡	1966.2.18	オハ41	253
オハ53	104	尻内	1965	4	盛岡		オハ41	254
オハ53	105	尻内	1965	5	盛岡		オハ41	255

■スハ54←スロ33(1のみ)・スロ43

改造後			改造		再改造/廃車		再改造後	
形式	番号	配置	年度	番号	工場	年月日	形式	番号
スハ54	1	名古屋	1964	24	廃車	1966.6.9		
スハ54	2020	盛岡	1965	2020	土崎	1967.9.28	マニ36	2088
スハ54	2021	盛岡	1965	2021	土崎	1967.8.25	マニ36	2094
スハ54	2022	盛岡	1965	2022	廃車	1970.2.1		
スハ54	2043	盛岡	1963	2043	土崎	1967.8.14	マニ36	2089
スハ54	2057	青森	1965	2057	土崎	1968.3.30	スハ57	2001
スハ54	2058	青森	1965	2058	土崎	1968.2.6	スハ57	2002
スハ54	2059	青森	1965	2059	土崎	1968.2.8	スハ57	2003

■オハ55・100代←オロ36

形式	番号	配置	年度	番号	工場	年月日	形式	番号
オハ55	101	小郡	1963	1	幡生	1964.8.29	オハネ17	2224
オハ55	2102	(盛)	1963	2002	多度津	1966.9.21	マニ36	2055
オハ55	2103	(盛)	1963	2003	多度津	1966.9.27	マニ36	2056
オハ55	104	富山	1963	4	幡生	1967.11.23	オハ41	6
オハ55	2105	富山	1963	2005	土崎	1967.12.16	オハ41	2009
オハ55	2106	青森	1963	2006	土崎	1966.9.27	マニ36	2057
オハ55	107	岡山	1963	7	多度津	1966.7.5	マニ36	2020
オハ55	109	岡山	1964	9	多度津	1966.2.24	オハネ17	251
オハ55	2110	富山	1963	2010	土崎	1967.12.8	オハ41	2010
オハ55	111	岡山	1964	11	多度津	1967.6.3	マニ36	90
オハ55	2114	盛岡	1963	2014	廃車	1971.8.30		
オハ55	115	広島	1963	15	幡生	1964.7.30	オハネ17	2222
オハ55	2116	青森	1963	2016	長野	1966.10.11	オハ41	2004
オハ55	118	広島	1963	18	幡生	1966.2.11	オハネ17	252
オハ55	2120	青森	1963	2020	長野	1966.10.27	オハ41	2005
オハ55	2124	秋田	1963	2024	盛岡	1965.3.20	オハ41	2001
オハ55	2126	(盛)	1963	2026	盛岡	1965.3.13	オハ41	2002
オハ55	2127	青森	1963	2027	土崎	1967.6.13	マニ36	2091
オハ55	129	岡山	1963	29	幡生	1968.3.31	オハ41	7
オハ55	131	岡山	1963	31	幡生	1968.3.16	オハ41	8
オハ55	132	飯田町	1963	32	多度津	1964.9.22	オハネ17	2219
オハ55	133	岡山	1964	33	多度津	1966.3.30	オハネ17	253
オハ55	136	広島	1963	36	幡生	1964.8.3	オハネ17	2223
オハ55	2137	(盛)	1963	2037	盛岡	1965.3.26	オハ41	2003
オハ55	138	広島	1963	38	幡生	1966.3.10	オハネ17	254

■オハ55・0代←オロ40

形式	番号	配置	年度	番号	工場	年月日	形式	番号
オハ55	1	室蘭	1963	1	土崎	1965.8.7	オハネ17	2236
オハ55	3	岡山	1963	3	多度津	1966.6.11	マニ36	2021
オハ55	2004	富山	1963	2004	廃車	1967.3.30		
オハ55	2007	仙台	1963	2007	盛岡	1965.2.22	オハ41	2004
オハ55	9	富山	1963	9	土崎	1966.6.17	マニ36	2022
オハ55	2010	尾久	1963	2010	幡生	1966.9.28	マニ36	2058
オハ55	11	下関	1963	11	幡生	1966.3.26	オハネ17	255
オハ55	14	都城	1963	14	鹿児島	1965.11.20	オハ41	12
オハ55	15	姫路	1963	15	多度津	1966.6.17	マニ36	2023
オハ55	17	下関	1963	17	小倉	1966.3.29	オハネ17	256
オハ55	19	姫路	1965	19	多度津	1967.10.14	マニ36	92
オハ55	20	宮原	1965	20	幡生	1968.2.6	オハ41	54
オハ55	21	下関	1963	21	小倉	1965.8.4	オハネ17	2243
オハ55	2022	盛岡	1963	2022	盛岡	1966.3.31	オハ41	2053
オハ55	2024	盛岡	1963	2024	盛岡	1966.3.9	オハ41	2101
オハ55	2025	仙台	1963	2025	盛岡	1965.1.19	オハ41	2005
オハ55	26	竜華	1963	26	多度津	1966.6.24	マニ36	2024
オハ55	2027	仙台	1963	2027	盛岡	1965.1.25	オハ41	2006
オハ55	30	姫路	1965	30	多度津	1966.9.6	マニ36	2025
オハ55	31	姫路	1965	31	多度津	1966.6.6	マニ36	2026
オハ55	32	姫路	1965	32	多度津	1967.9.26	マニ36	93
オハ55	2033	盛岡	1963	2033	盛岡	1966.3.9	オハ41	2104
オハ55	34	都城	1963	34	鹿児島	1965.11.30	オハ41	13
オハ55	35	下関	1963	35	小倉	1965.12.26	オハネ17	257
オハ55	2036	仙台	1963	2036	盛岡	1965.2.6	オハ41	2007
オハ55	2037	盛岡	1963	2037	盛岡		オハ41	2107
オハ55	2038	仙台	1963	2038	盛岡	1965.2.27	オハ41	2008
オハ55	2039	盛岡	1963	2039	盛岡	1966.2.11	オハ41	2109
オハ55	2040	秋田	1963	2040	盛岡	1965.2.27	オハ41	2009
オハ55	2041	盛岡	1963	2041	土崎	1967.12.25	オハ41	2116
オハ55	2042	尾久	1963	2042	廃車	1966.1.21		
オハ55	2044	秋田	1963	2044	盛岡	1965.3.30	オハ41	2010
オハ55	2045	秋田	1963	2045	盛岡	1965.3.6	オハ41	2011
オハ55	2046	盛岡	1963	2046	土崎	1968.3.30	オハ41	2117
オハ55	47	下関	1963	47	小倉	1966.2.9	オハネ17	401
オハ55	2048	尾久	1963	2048	廃車	1966.1.21		
オハ55	2049	尾久	1963	2049	幡生	1966.9.7	マニ36	2061
オハ55	2053	尾久	1963	2053	幡生	1966.9.17	マニ36	2064
オハ55	2054	尾久	1963	2054	幡生	1966.9.24	マニ36	2065
オハ55	2055	尾久	1963	2055	土崎	1965.9.18	オハネ17	2258
オハ55	2058	新潟	1963	2058	土崎	1967.6.3	マニ36	2095
オハ55	2062	青森	1965	2062	土崎	1967.8.4	マニ36	2096
オハ55	2064	新潟	1965	2064	土崎	1967.7.26	マニ36	2097
オハ55	70	姫路	1963	70	多度津	1966.9.12	マニ36	2201
オハ55	74	早岐	1963	74	小倉	1965.12.26	オハ41	113
オハ55	75	姫路	1963	75	小倉	1965.10.22	オハネ17	402
オハ55	80	早岐	1963	80	小倉	1966.1.28	オハ41	114
オハ55	82	都城	1963	82	小倉	1966.2.9	オハ41	115

■スハフ34・0代←スロハフ30

形式	番号	配置	年度	番号	工場	年月日	形式	番号
スハフ34	1	名古屋	1962	1	廃車	1968.3.31		
スハフ34	2	品川	1962	2	幡生	1964.6.19	オハネ17	2220
スハフ34	5	函館	1962	5	長野	1963.11.18	オハネ17	2154
スハフ34	7	函館	1962	7	土崎	1964.8.6	オハネ17	2211
スハフ34	8	函館	1962	8	長野	1963.12.11	オハネ17	2155
スハフ34	10	出雲市	1962	10	小倉	1963.8.14	オハネ17	167
スハフ34	11	竜華	1962	11	小倉	1963.8.29	オハネ17	168
スハフ34	12	西舞鶴	1962	12	小倉	1963.9.28	オハネ17	171
スハフ34	14	函館	1962	14	長野	1963.10.11	オハネ17	2151
スハフ34	16	釧路	1962	16	土崎	1963.7.19	オハネ17	130

■スハフ34・20代←スロハフ31

形式	番号	配置	年度	番号	工場	年月日	形式	番号
スハフ34	21	品川	1962	1	幡生	1964.9.30	オハネ17	2226
スハフ34	22	品川	1962	2	幡生	1964.6.29	オハネ17	2221

■スハフ50←スロフ30

形式	番号	配置	年度	番号	工場	年月日	形式	番号
スハフ50	3	清水	1963	3	廃車	1966.7.1		
スハフ50	4	早岐	1963	4	廃車	1966.3.31		
スハフ50	5	紀伊田辺	1963	5	廃車	1968.6.26		
スハフ50	6	紀伊田辺	1963	6	廃車	1968.6.26		
スハフ50	7	宮原	1963	7	廃車	1968.2.23		
スハフ50	9	早岐	1963	9	廃車	1967.7.5		
スハフ50	10	宮原	1963	10	廃車	1968.2.23		
スハフ50	14	青森	1963	14	土崎	1964.8.21	オハネ17	2212
スハフ50	15	青森	1963	15	土崎	1964.9.8	オハネ17	2213

■スハフ51←スロフ31

形式	番号	配置	年度	番号	工場	年月日	形式	番号
スハフ51	1	姫路	1963	1	廃車	1967.8.31		

■オハフ52←オロフ32

形式	番号	配置	年度	番号	工場	年月日	形式	番号
オハフ52	1	成田	1965	1	廃車	1968.9.25		
オハフ52	2	成田	1965	2	廃車	1969.2.13		
オハフ52	3	成田	1965	3	廃車	1968.3.31		
オハフ52	4	沼津	1965	6	廃車	1966.11.9		
オハフ52	5	姫路	1965	7	廃車	1968.3.28		
オハフ52	6	京都	1965	8	長野	1966.10.4	オハフ41	1
オハフ52	7	名古屋	1965	9	新津	1966.11.12	スエ31	12

■オハフ53←オロフ33

形式	番号	配置	年度	番号	工場	年月日	形式	番号
オハフ53	1	水戸	1965	1	廃車	1968.3.31		
オハフ53	2	水戸	1965	2	廃車	1968.9.25		
オハフ53	3	水戸	1965	4	廃車	1968.6.20		

写真90）通勤形改造車
オハ41 2003。
1977.9.18　山形
P：和田　洋

通勤形改造は1964（昭和39）年度に、まずはオロ36とオロ40の格下げ車オハ55を対象に実施され、オハ41 2001～2011として登場した。全て仙台運転所の車両で、電気暖房装備車である。

仙台地区は周辺地域の人口が急増し、東北、常磐、仙山線などの通勤輸送がひっ迫していたが、交流区間で電車の新規投入が難しく、格下げ並ロを活用して混雑緩和を図ろうとした。

改造車はデッキ部分は混雑するものの、円滑な通勤輸送に威力を発揮したため、翌65（同40）年度以降も改造が続くことになり、他の並ロにも対象を拡大することになった。そうなると種車ごとに番号を区分して整理した方が管理しやすいと判断されたようで、1964年度改造の11両のうち、オロ40からの格下げ車を改造した７両を、1965（昭和40）年度にオハ41 50代・100代に改番した。

オハ41　0代はこの結果、2001～2003と2011が残って、中間に空いた番号が生まれたが、1965年度に改造された車両が二代目の番号を受け継いで、空白を埋めている。

この時の改番はオハ41に改造前の格下げ車ではなく、その前の並ロ時代の製造時期区分までさかのぼって番号を整理する丁寧なものになっている。原則は並ロ時代の形式ごとに枝番で区別したが、オロ40についてはさらに、製造初期の張り上げ屋根（長柱構造）＝50代、戦前製の丸屋根車・戦後製＝100代の２つに分類している。

オハ41はこの他、オハ53（オロ35の格下げ）から11両、オハ51（オロ41の格下げ）から４両、オロ42から５両が改造されている。その後は特ロからの改造車も加えて、枝番はさらに複雑になった。またオロ35の電暖改造車であるスロ43（格下げ後はスハ54）からも３両が同様の改造を受けてスハ57となった。

格下げ車にはロハ・ロハフからの改造車もあったが、通勤形には改造されていない。中央部に便・洗面所のある構造が、改造には不向きとみなされたのだろう。また緩急車からの通勤車改造は、オロフ32（格下げ後はオハフ52）から１両だけ実施されている。

さすがに通勤形車からの再度の改造はなく、全車が廃車となって1982（昭和57）年度で姿を消している。

■表47）通勤形車の形式別年度末両数表

形式	番号	種車	格下げ車	1964	65	66	67	68	69	70	71	72	73	74	75	76	77	78	79	80	81
オハ41	0代	オロ36	オハ55・100代	3	5	10	10	10	10	10	10	10	10	9	9	9	8	3	1	1	
	50代	オロ40長柱車	オハ55・0代	1	3	3	4	4	4	4	4	4	3	3	3	3	3	3	2	2	1
	100代	オロ40その他	オハ55・0代	3	7	7	7	7	7	7	7	6	6	6	5	5	5	2	1	1	1
	200代	オロ41	オハ51		4	4	4	4	4	3	1	1	1								
	250代	オロ42	オハ53・100代		5	5	5	5	5	5	5	5	5	4	2	2					
	300代	オロ35	オハ53・0代		11	11	11	11	11	11	11	11	11	9	3	2	1				
スハ57		スロ43	スハ54				3	3	3	3	3	3									
オハフ41						1	1	1	1	1	1										
合計				7	35	41	45	45	45	44	42	40	36	31	22	21	17	8	4	4	2

5.2　寝台車への改造

1955(昭和30) 年度に復活登場した３等寝台車(ナハネ10) は大変好評で、毎年度増備されていく。一方で国鉄は1961(昭和36) 年10月のダイヤ大改正に合わせて旅客輸送の将来構想を打ち出し、昼間輸送は電車、気動車による優等列車が担い、客車列車は夜行列車を主体として、急行は寝台列車化する方向を打ち出した。

そのためには寝台車の大量増備が必要になるが、新車ではなく改造によって賄うことになり、種車として浮上したのが余剰化しつつあった並ロ車両だった。旧型車の台枠だけを再利用し、軽量構造の車体を新製する方法で1961年度からオハネ17が生まれる。改造初年度は57両が改造され、このうち並ロからは８両にとどまったが翌年度以降増加する。

1963(昭和38) 年度になると、改造総数90両に対して並ロからは77両が改造され、８割以上を占めるようになる。1964・65(昭和39・40) 年度は改造総数は減ったが、依然として８割以上の種車が並ロであった。

■表48) 並ロからオハネ17への改造状況

形式	1961年度	62	63	64	65	合計
スロ32	1	4	3			8
スロ33(スハ51)	3	7	9	1		20
スロ34	1	4	2			7
オロ35(オハ53)					1	1
オロ36(オハ55)			11	4	4	19
オロ40(オハ55)			7		8	15
オロ41(オハ51)					3	3
スロハ31(スハ50)	3	11	12	6	6	38
スロハ32			20	8	8	36
スロハフ30(スハフ34)		2	7	2		11
スロハフ31(スハフ34)				2		2
スロフ30(スハフ50)		5	5	2		12
スロフ31			1			1
小計	8	33	77	25	30	173
オハネ改造総数	57	90	90	30	35	302

5.3　荷物車 (マニ36) への改造

オハネ改造が一段落した1966(昭和41) 年度から荷物車への改造が大規模に始まった。戦後に作られた戦災復旧荷物車が老朽化してきたうえに、荷物専用列車の増発で荷物車の増備が必要になっていた。そこで並ロと格下げ車を使って荷物車に改造することになり、マニ36が生まれる。

マニ36は多数の形式を種車として生まれる。そうした場合、改造後の車体は同じ形式でもかなりばらつくのが通例だが、マニ36の場合はできるだけ統一を図っている。典型が窓で、種車の窓幅にかかわらず全て700mm幅に一本化した。700mm窓はスハ32系の並ロのオロ35などで使われている。マニ36の形式図を点検すると、オロ35改造車は種車の窓をそのまま生かしているが、それ以外の場合は全て窓の部分は新しく作り替えた。

この結果、オロ36やオロ40のような特徴的な広窓は全く使われていない。例外としてオハ35からの改造車の一部で1,000mm幅の窓が使われたほか、スハ32からの改造車の一部も600mm幅の原型窓を残した車両が確認されているが、並ロ改造車ではこうした事例はなかったようだ。マニ36は国鉄末期まで活躍して廃車となった。

■表49) 並ロからマニ36への改造両数

形　式	1966年度	1967年度	合　計
オロ40	32	5	37
オロ35(オハ53)	17	5	22
スロ43(スハ54)	15	3	18
スロフ43	4		4
オロ36(オハ55)	4	2	6
スロ34(スハ52)	2		2
スロハ31(スハ50)	2	5	7
スロハ32(スハ50)	7	5	12
合　計	83	25	108

写真91) スロ43 2024を荷物車に改造したマニ36 2035。改造後もアルミサッシを残している。
1975.9.14　盛岡
P：和田　洋

■図41）オハ53（オロ35）改造のマニ36形式図

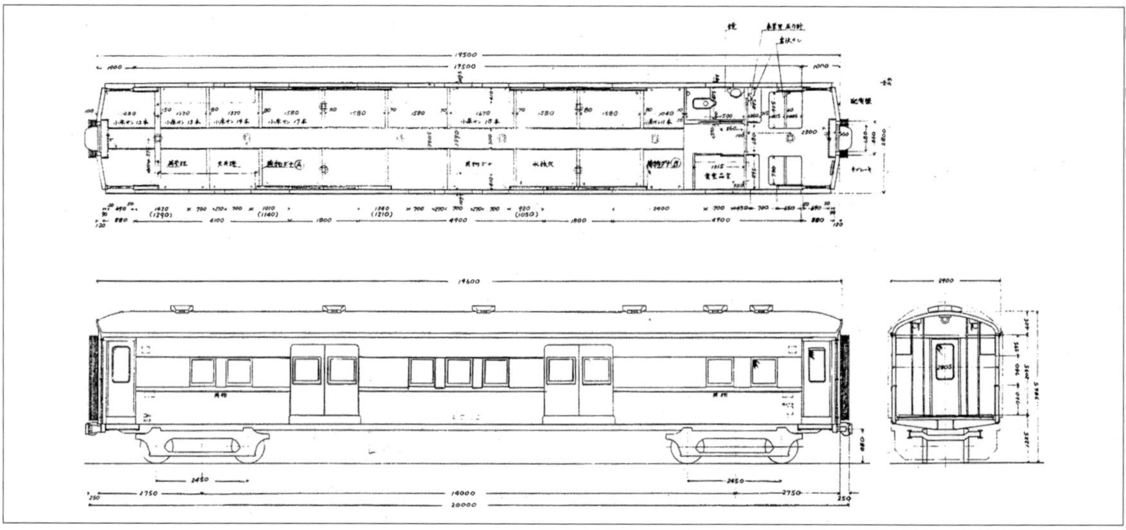

■図42）オハ55（オロ40長柱車）改造のマニ36形式図

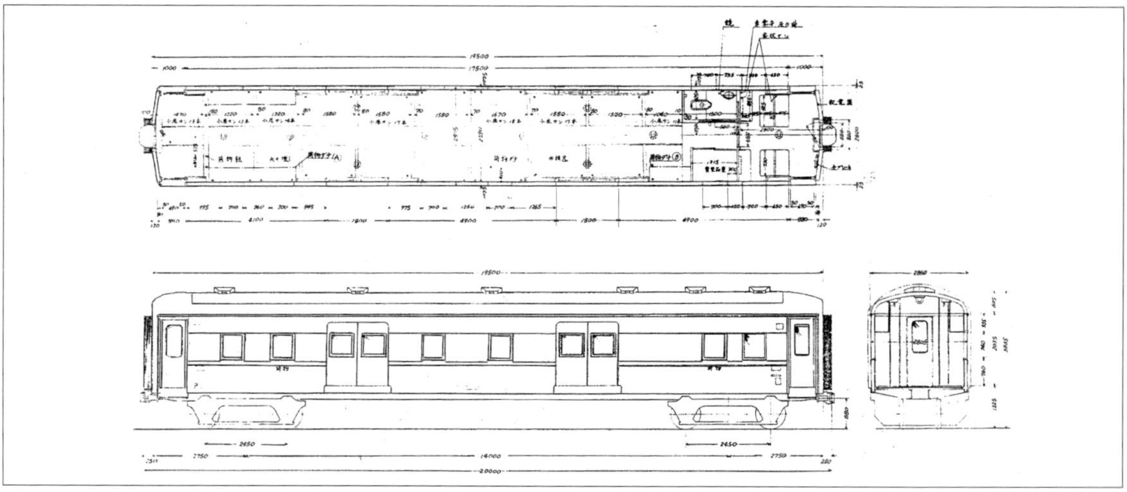

■図43）スハ50（スロハ31）改造のマニ36形式図

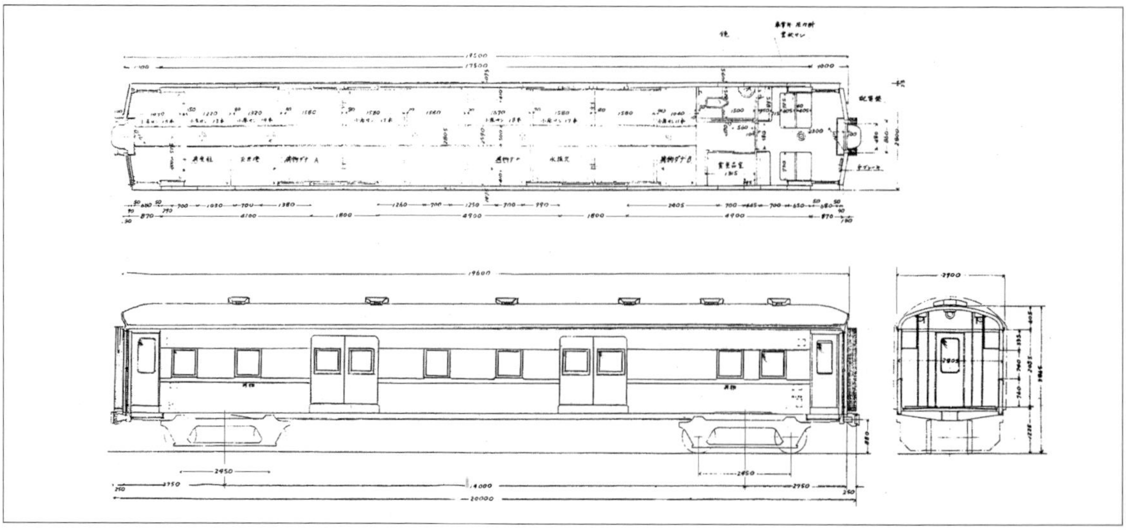

写真92）書類上はオロハ30を改造したことになっているが、オハフ30と車体を振り替えたオヤ30 1。サボは「工場入」とある。
1961.8.11　長野　P：江本廣一

5.4　事業用車への改造

老朽化した客車は救援車などの事業用車に改造されることが多いが、並ロは意外にこうしたケースが少ない。

●オロ31・オロハ30→オヤ30

車両基地や工場が駅から離れた不便な場所にある場合、職員の通勤用に使用する職用車として、1960（昭和35）年度以降、17m級のオヤ30が改造で合計10両誕生している。このうち並ロが種車となったのが、1（オロハ30 15改造）と4（オハ27 52改造、オロ31 52の格下げ）の2両である。

ところが1の写真を見ると、どうみてもオロハ30ではなく、オハフ30に見える。改造時期に廃車になったオハフ30 67と車体を振り替えたようで、長野工場の通勤用に使われている。

4はオロ31を格下げしたオハ27 52を1964（昭和39）年3月に高砂工場で改造、吹田機関区などの職員輸送用に使用した。こうした職用車は改造とはいっても、乗客の代わりに職員を輸送するので、車内の座席をそのままにして、ほとんど手は加えず、車両番号だけを書き替えるのが普通である。ところがこの車両の場合は、格下げ車を改造していて座席は2人掛け転換式だったため、これを全て撤去してオハ31と同様の4人掛け座席に作り替えている。わざわざ手間のかかる格下げ車を種車に選ぶ必要はなかったと思うが、理由はよく分からない。

写真93）オロ31 52を種車にしたオヤ30 4。　1974.9.21　吹田　P：和田　洋

写真94）４人掛け板張り座席に取り替えたオヤ30 4の車内。
1974.9.21　吹田　P：永島文良

●スロハ31→スヤ31（オヤ31）、オロ31→コヤ90、スロハフ30→オヤ35、オロ35→オヤ36

いずれも上巻の形式別解説で紹介しているので、それぞれの種車の頁を参照いただきたい。

●オロ31→オル31

1959（昭和34）年度にオロ31 54から配給車オル31 46に改造した。残念ながらこの車両の写真は見つかっておらず、どのような改造をしたか不明である。1963（昭和38）年４月１日現在の仙台局客車配置表によれば、この車両は長町に配置され、物資部配給車となっているので、恐らく管内を巡回して職員や家族に生活物資を販売したのだろう。

■表50）並ロから改造された事業用車

種車番号	事業用車改造				配置	廃車
	工場	年月日	形式	番号		
オロ31 52		1964.3	オヤ30	4	吹田	1983.6.3
オロハ30 15	長野	1960.7	オヤ30	1	長野	1964.9.8
オロ31 104	大船	1961.7.14	コヤ90	1	品川	1990.3.30
スロハフ30 6	幡生	1962.4.6	オヤ35	1	広島	1971.11.2
スロハフ30 13	幡生	1962.4.9	オヤ35	2	広島	1969.10.11
オロ35 7	大船	1966.2.26	オヤ36	2001	品川	1976.8.27
オロ31 54	盛岡	1960.3.30	オル31	46	盛岡	1971.12.6

●オロフ32→スエ31

客車から事業用車への定番は救援車改造だが、並ロは直接改造された例はなく、荷物車（マニ36）になった後に再改造された車両がわずかにある程度である。その中で、1966（昭和41）年度にオハフ52 7（オロフ32 9の格下げ）から改造されたスエ31 12が、１両だけ並ロ時代の面影を残す救援車となっている。

写真95）を見ると前位側の妻面扉、出入台をふさぎ、中央部に器材を出し入れする扉を設けている。

■表51）並ロから改造された救援車

種車番号	改造履歴	救援車改造			
		工場	年月日	形式	番号
オロフ32 9	→オハフ52 7	新津	1966.11.12	スエ31	12
スロ34 18	→スハ52 18→マニ36 2003	大宮	1981.6.25	オエ61	310
オロ35 1	→オハ53 1→マニ36 2004	五稜郭	1981.7	オエ61	309
オロ35 8	→オハ53 8→マニ36 2006	旭川	1980.10	オエ61	301
オロ35 9	→オハ53 9→マニ36 2007	五稜郭	1980.8	オエ61	302
オロ35 49	→オハ53 49→マニ36 86	幡生	1981.10	オエ61	313
オロ35 64	→マニ36 49	小倉	1980.5	オエ61	307
オロ40 12	→マニ36 59	幡生	1982.3	オエ61	316
スロハ31 35	→スハ50 35→マニ36 74	幡生	1982.2	オエ61	315

写真95）オロフ32から改造されたスエ31 12。
1974.8.17　新潟運転所
P：永島文良

木枠に取り替えたオハ41 308（旧オロ35 11）。
1975.7.20　郡山　P：永島文良

Column7　消えたオロ35のアルミサッシ

　オロ35と電暖改造車のスロ43は、その後に通勤形車やマニ36に改造されるが、以前から疑問に思っていたことがある。近代化改造の際に取り替えたアルミサッシの窓枠は大変目立つが、改造後には一部の車両でその銀色が見られなくなっている点だ。アルミ枠を木枠に取り替えたのか、それともアルミ枠の上からぶどう色に塗ったのかが疑問だった。今回、ちょうど良い機会でその点を調べてみると、どうも両方のケースが存在したようである。

　まず格下げ車について画像を見ると、アルミ枠車はほとんどがそのままになっているようだ。ついで1965（昭和40）年度に11両がオハ41 300代に改造されるが、ここでぶどう色窓枠車が登場、308と309がぶどう色窓枠になっている。アルミ枠は木枠に比べ、上と横の枠が細い。木枠は下と同じくらい幅があるので、良い角度から撮影した写真なら、ある程度見分けることができる。その点から見ると、この２両は木枠に取り替えているようだ。311もぶどう色なのだが、こちらは窓枠の横が細く、アルミ枠に上塗りしたのではないかと思われる。ちなみに300代改造の11両は301～307が幡生工場、308～310が土崎工場、311が盛岡工場で改造された。310の写真が見つかっていないが、この違いを見ると工場によって窓枠の扱いに差が付いた可能性がある。

オロ35の格下げ車は原則アルミサッシである。
1968.4.15　錦糸町　P：掘井純一

　なおスロ43から通勤形になったスハ57は３両全てが木枠になっているが、この形式の場合は格下げ（スハ54）の段階で既に木枠車が混在しているようだ。　（42頁へ続く）

アルミ枠を残したオハ41 302。
1967.8.30　広島　P：伊藤　昭

木製枠に取り替えたマニ36 51(旧オロ35 66)。
1973.2.15　紀伊田辺
P：和田　洋

木枠に取り替えたスハ57 2002(旧スロ43 2058)。
1974.5.11　秋田運転区　P：永島文良

1966(昭和41)年度からはマニ36への改造が始まるが、ここでも窓枠は混在する。マニ36の窓枠は種車にかかわらず改造の際に700mm幅で統一され、広窓車はいったん全部の窓を埋めてから新たに窓を設けた。オロ35は窓がもともと700mmだったため、マニ改造の際は使える部分は種車の窓をそのまま使用している。このため、マニ36にはアルミサッシを付けた車両が存在する。

オロ35とその派生車のスロ43、スロフ43からは合計44両がマニ改造され、このうち14両がアルミサッシ車であることが確認されている。残る30両を点検すると、木枠車が多いのだが、横と上の枠が細いアルミサッシの形態の車両も10両ほど確認できる。これはアルミの上からぶどう色を吹き付けて、車体色と同一にしたのだろう。

そうなると、なぜ3種類の窓枠の違いが出たのかが、疑問になる。オハ41の場合は工場ごとの改造手法の違いだったかもしれないが、マニ36の場合は同一工場、同一年度でも差が付いている例があって、説明が付かない。

荷物車は角張った荷物を大量に積み込む。保護棒が内側にあるが、それでも窓枠部分に傷が付くことがあり、それを考慮して木枠に取り替えたのかもしれない。しかしそれが理由だとすると、アルミ枠を上塗りする事例の説明にならない。

もう一つの理由として考えられるのはアルミの劣化である。アルミは錆びにくいが、状況によっては錆びが出る。マニ36やオハ41のアルミ車の写真を見ると、車両によってはアルミの輝きが色あせている例もあった。そうした点を勘案して、改造の際に木枠へ交換したり、上塗りしたのかもしれない。またアルミには昭和40年代までは高級品というイメージがあったので、荷物車や通勤形車に転用する際に、意図的にアルミの輝きを消したのかもしれない。この辺の事情は、工場で実際に改造工事に関与した方でないと分からないだろうから、今回はこれ以上の背景は掘り出せなかった。

車掌室窓をアルミサッシ化したマニ36 2045(旧スロ43 2053)。左の窓は木枠で幅の違いが分かる。1986.1.7　永和　P：野村一夫

アルミサッシをぶどう色で上塗りしたと思われるマニ36 28(旧オロ35 10)。　1982.7.31　門司客貨車区　P：野村一夫

写真96）オロ40で１両だけ二重窓になったオロ40 1。　　1963.7.21　函館　P：吉野　仁

6．北海道の並ロ運用と編成記録

並ロは全国で使われたので、その運用や編成記録をまとめると膨大になる。そこで北海道に配置された並ロに焦点をあてて、戦後の運用の変化をまとめてみた。独特の運用も見られて、趣味的に面白い側面がある。

■

表52）は北海道の並ロの配置状況を時間を追ってまとめたものである。一番古いのは1943（昭和18）年８月現在の札幌鉄道局（当時は北海道全域を管轄）の配置表から抜き出した。これを見ると鋼製客車の並ロは17両しかいない。これに対して木製並ロは約100両が配置されていて、北海道は木製車王国だった。

戦後になって状況は大きく変わる。木製車は戦中、戦後の酷使で状態が悪化、1949（昭和24）年度からは鋼体化改造工事が始まり、1955（昭和30）年度には営業用木製車は淘汰されることに決まる。そうなると北海道の木製並ロの代替車が必要になり、このために1949年度から1952（昭和27）年度にかけて、約50両という大量の並ロ鋼製車が、移動で北海道に渡ることになった。

大量移動には形式間のバランス調整も働いたと見えて、それまで北海道では見られなかったオロ36やオロ40といった広窓車が加わったほか、戦後製のオロ41も２両が対象になる。こうした措置で、道内の並ロは多形式になり、１形式２両以下という少数両数の形式が増えている。

■表52）北海道の並ロの配置状況

配置区	形式	1943年8月	1953年度末	1958年10月	1962年10月	1964年3月
函館	オロ31		5	2		
	スロ33		2			
	オロ35		5	8		
	オロ36		1			
	オロ40		3	1		
	オロ41		2	2	2	1
	オロフ32			1	1	1
	スロフ30	5				
	オロハ30			2		
	スロハ31	3	2	1	1	
	スロハ32		2		3	3
	スロハフ30	3	2	4	4	
小樽	スロ33				1	
	オロ40				1	
	スロフ30			2		
	スロハ31	3	8	4	1	
	スロハ32			3		
札幌	オロ31		2			
	オロ35				2	2
	スロフ30		2	1	1	
	スロハ32		2			
	スロハフ30			1		
岩見沢	スロ33				1	
	オロハ30			3		
	スロハフ30		4	1		
室蘭	スロフ30		4	3		
	オロハ30			2		
	スロハ31			2	1	
滝川	オロハ30			2		
旭川	オロ35				2	
	オロ41					1
	オロハ30		6			
	スロハ31		1	3	6	
	スロハ32		3	2	2	
網走	オロ31		4			
	オロハ30		3			
名寄	スロハフ30	3				
釧路	オロ31			5		
	スロ33			3	1	
	オロ35				4	4
	スロハフ30				1	
合計		17	63	58	35	12

※鉄道友の会客車気動車研究会資料、各局配置表などから筆者が作成。
1953年度末の釧路地区は資料がなく、配置状況は不明。

写真97）オロ35 7は近代化改造未施工だったので、木製窓枠のまま二重窓改造を受けた。
1962.7.30　旭川　P：富樫俊介

■編成記録⑰
1レ「大雪」
1956.8.15　函館

D51 440	（築）
オハフ60 19	青マン
オハ35 1301	青ハコ
スハフ44 21	〃
スハ45 52	〃
スハ45 44	〃
スハ45 40	〃
スハフ44 19	〃
オハ35 1302	〃
オハ35 850	〃
スハシ29 105	〃
オロ35 7	〃
スロ52 8	〃
オユ40 1	旭アサ

■編成記録⑱
3039レ 網走行
1954.7.5　旭川

D51 347	（旭）
スハ32 149	旭アハ
オハフ60 47	〃
スハ32 827	〃
オロハ30 38	〃
スハフ32 74	〃

■編成記録⑲
3レ「あかしや」
1954.9.5　札幌

C55 47	（旭）
スハフ44 22	札ヲタ
スハ45 38	〃
スロハ32 103	〃
スハフ44 1	青ハコ
スハ45 25	〃
スハ45 32	〃
スハ45 11	〃
スハ45 2	〃
スロ33 1	〃
スロ52 7	〃
マニ60 242	大ミハソ

冬の厳しい北海道で使用するために、窓を二重にしたり水の凍結防止機能を備えたりするなどの寒地向け仕様を施すことが原則だが、これらの並ロの中にはすぐに本州に復帰した車もあって、必ずしも全車が改造を受けたのではないようだ。オロ36は未改造だったようで、オロ40も二重窓になって北海道に定着したのは１両だけだった。これらの車両は形式・番号を変えていないが、スロハ32だけは改造を受けた５両が100代に改番した。

５両が移動したオロ35は全車が近代化改造車で、函館に配置される。既に急行には特ロのスロ52が使われていたが、北海道には長距離の準急も多く、設備がランクアップしたオロ35はそうした優等列車に使用されていく。一方で編成両数の少ない亜幹線ではオロハ30が重宝がられたようだ。

編成記録⑰は函館線の看板列車だった急行「大雪」（函館→網走）で、特ロと並んでオロ35が組み込まれている。また編成記録⑱は石北線の小樽発の夜行列車で５両編成なのでロハが順当だったのだろう。編成記録⑲はやはり看板列車の「あかしや」である。函館→旭川の急行列車だが、小樽からは準急になり前に３両を増結する。ここに改番されたスロハ32が使われている。この時の「あかしや」の札幌発は18時08分で、札

写真98）1,200mm窓が二重になったスロハ32 103。
1963.9.22　岩見沢
P：千代村資夫

■図51)1955年6月改正の岩見沢区スロハフ30札附531運用　札幌鉄道管理局報による

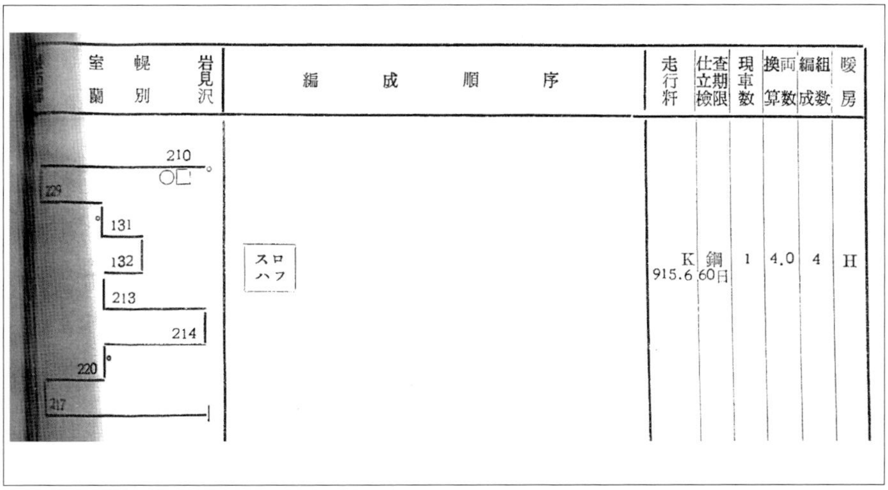

■編成記録⑳
213レ 岩見沢行
1956.8.16　沼ノ端

C51 54	(岩)
オハフ60 65	札イワ
スハフ32 377	〃
オハ62 82	〃
オハ62 105	〃
オハ62 86	〃
オハ31 333	〃
スロハフ30 16	〃
マユニ78 12	青ハコ

幌での用務を終えて旭川方面へ帰るには都合の良い時間帯だから、そうした乗客が多いことに対応した増結だったのだろう。こういう時にロハは便利である。

北海道でもう一つ興味をひかれるのがスロハフ30である。「ロハフ」という特異な形式なので、鋼製客車では2形式16両しか存在しないが、そのうち6両が北海道で使われた。1953(昭和28)年の配置でみると、函館(2両)と岩見沢(4両)に分かれている。函館の2両は森までの区間運用に入ったほか、多客時には札幌までの不定期列車で使用されている。

岩見沢の4両は室蘭線で使われたことが運用表に記載されている。図51)は1955(昭和30)年6月改正の札附531運用で、左端は読みにくいが長万部である。ちょっと飲み込みにくい行路だが、まず岩見沢から210レで長万部に直行する。折り返しは229レで下り、東室蘭で向きを変えて室蘭へ入る。翌朝は幌別までの通勤列車で往復したあと、213～214レで岩見沢まで往復する。次は220レで東室蘭経由で長万部行となり、217レで岩見沢に帰るという運用だ。編成記録⑳は、室蘭発岩見沢行213レである。

当時の北海道の輸送形態は、函館～札幌の優等列車は大半が小樽経由で、室蘭線は普通列車ばかりだった。そしてその運行は岩見沢～室蘭、室蘭～長万部という2つの区間運転を組み合わせて対応していた。長万部から岩見沢方面へ直行する普通列車は、スロハフ30の入った210～217レの1往復しか運転されていなかった。

当然ながら、現在のような室蘭線～千歳線をまたいで札幌と直結する列車もなかったのだが、1950(昭和25)年10月改正で室蘭～札幌間に準急が設定され、翌年「エルム」という愛称が付けられる。この列車は当初は6両編成だったが増強され、1955(昭和30)年には7両となって、付属編成を含めてスロフが2両連結されている。受け持ちは室蘭なので、当時の客車配置からみるとスロフ30が使われたのだろう。

編成記録㉑は1956年8月16日の札幌行「エルム」で、最後部に2両のスロフ30を連結した。この時の編成は8両で、2両の付属編成(札附527)が東室蘭から切り離されて長万部行の普通列車に併結されるようになっていた。その編成が図52)である。

■編成記録㉑
205レ「エルム」
1956.8.16　北広島

C55 32	
スハフ32 263	札イワ
スハ32 5	〃
スハフ32 375	札ムロ
スハ32 857	〃
オハ35 1306	〃
オハ35 1307	〃
スロフ30 20	〃
スロフ30 18	〃

■図52)1956年6月の「エルム」編成図　スロフが2両付き、長万部編成も併結されている。

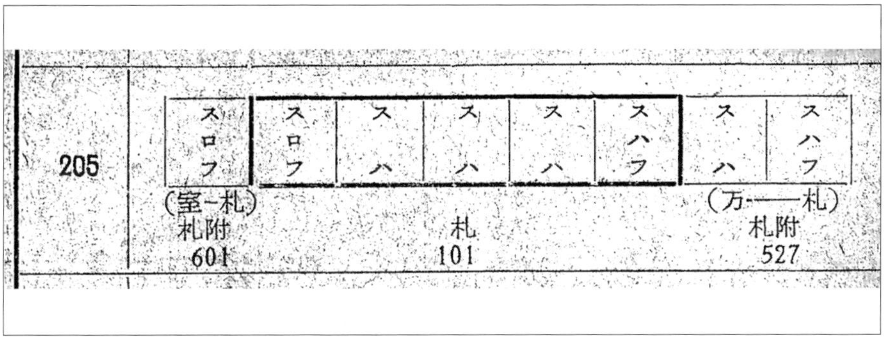

写真99)「エルム」の愛称サボを付けたスロフ30 19。　1958.7.19　札幌　P：筏井満喜夫

「エルム」の運行が大きく変わるのが1956(昭和31)年11月のダイヤ改正で、分割して長万部に往復していた２両の付属編成にスロハフ30が入ることになった。受け持ちは札幌で、岩見沢にいた４両のスロハフ30のうち16が札幌に転属、予備車なしで毎日札幌～長万部間を往復する。午後に札幌を出て、東室蘭で切り離されて室蘭線の普通列車に併結、夜長万部に着き滞泊する。翌朝は東室蘭で「エルム」に併結されて札幌に昼前に到着。客車区に戻ると小憩後には「エルム」で再び長万部に向かう忙しい運用である。本籍地の札幌には１日数時間しかいないという変則運用になった。その時の編成が図53)で、図52)と比べるとロの位置が反対の札幌側に変わっている。東室蘭での分割併合作業の関係だろう。

この長万部編成は1960(昭和35)年まで続く。1959(昭和34)年から気動車を使った準急「ちとせ」が札幌～室蘭間に運転されて、ダイヤ改正ごとに増発されていく。一部は虻田(現在の洞爺)まで延長運転されるようになり、「エルム」の役割を引き継いだ。

スロハフ30は1956(昭和31)年11月の移動で函館が４両体制になる。1958(昭和33)年からは函館～釧路間の長距離夜行列車419～420レに使われるようになる。片道22時間近い長時間運転だったので、運用は３組必要となり、予備を入れて４両配置は順当である。

■図53)1956年11月改正の「エルム」編成図　長万部編成にスロハフ30が入っている。　出典：札幌鉄道管理局報

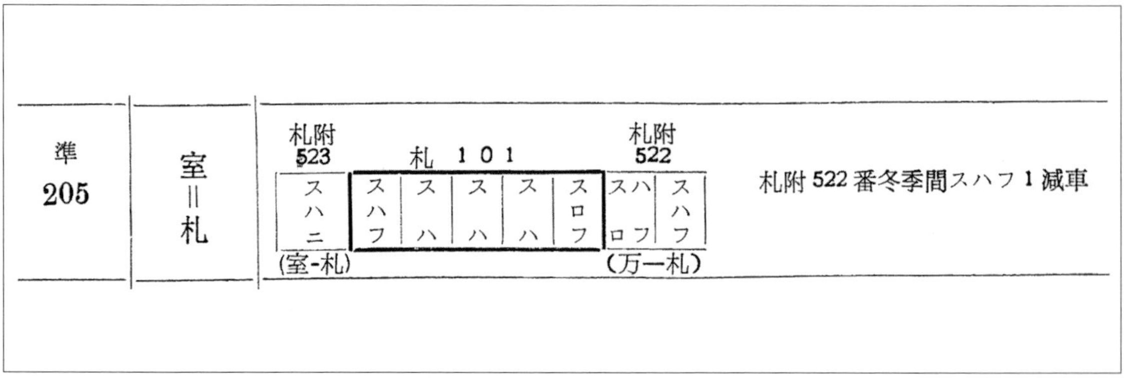

写真100）スロハフ30 5を組み込んだ函館発419レ。帯広を発車し終着の釧路へ向かう。　1962.3.12　P：富樫俊介

スロハフの長距離運用は1962（昭和37）年10月改正で函館～岩見沢に短縮され、1963（昭和38）年３月にスハフ34に格下げされて消滅した。釧路鈍行自体はまだ運転されていて、並ロの岩見沢までの連結も継続しており、代わりにはスロハ32が入ったようだ（上巻９頁 写真９参照）。

北海道の並ロの幕引きは、1966（昭和41）年３月末時点で、旭川と釧路に３両ずつ配置されていたオロ35が務めることになった。近代化改造を受けていたとはいえ、車齢約30年の車両が最後を飾るのは意外な気がする。

釧路の３両は、釧路～小樽間の424～423レに使用されていたが、旭川の３両は特に最後は定期運用はなかったようだ。波動用に置かれていたのだろうか。６両とも1966（昭和41）年度にマニ36に改造され、北海道から並ロは姿を消した。なお北海道向けのオロ35は、近代化改造の際に二重窓もアルミでそろえている。

写真101）二重窓をアルミサッシにした北海道向けのオロ35 67。北海道の並ロの最後を飾った。　1964.10.17　小樽築港　P：片山康毅

おわりに

RMライブラリーシリーズで『特ロのすべて』(第220巻) を刊行したのは2017(平成29) 年だった。その際に編集部の方と、「次は並ロですね」といった言葉を交わした記憶があるが、結局実現に６年かかってしまった。旧型客車はほぼ国鉄と同時に姿を消したので、もう40年近い時間が過ぎた。それでも未だに様々な資料から新しい発見が生まれることがある。この６年間でも、並ロに関する情報を若干なりとも補強できたのは筆者の喜びである。

今回も鉄道友の会客車気動車研究会の皆さんから多大なご支援、ご協力をいただいた。厚く御礼を申し上げる。

■協力者ご芳名(五十音順)

筏井満喜夫、伊藤　昭、伊藤威信、江本廣一、岡田誠一、片山康毅、葛　英一、佐々木 元、佐藤進一、鈴木靖人、瀬古龍雄、千代村資夫、富樫俊介、豊永泰太郎、永島文良、中村夙雄、西橋雅之、野村一夫、藤井　曄、藤田吾郎、三宅俊彦、星　晃、掘井純一

■参考文献

『最近10年の国鉄車両』(国鉄臨時車両設計事務所)
『オハ31形の一族』(2004年　車両史編さん会)
『スハ32形の一族』(2007年　車両史編さん会)
『オハ35形の一族』(2008年　車両史編さん会)
『客車形式図』(国鉄工作局)
『国鉄形客車の記録　鋼製1等座席客車(特ロ・並ロ)』(2022年8月　電気車研究会)
「国鉄鋼製客車」(『鉄道ファン』9 ～ 42号　交友社)
『札幌鉄道管理局報』(国鉄札幌鉄道管理局)
『旧形客車の青帯車あれこれ』(『鉄道ピクトリアル』775号　電気車研究会)
『客車・貨車ガイドブック』(誠文堂新光社)
『鉄道友の会客車気動車研究会資料』(鉄道友の会客車気動車研究会)

オロ35、オロ42、オロ31など並ロ４両を連結して横浜港駅に入るポートトレイン。
1959.7.26　P：豊永泰太郎